小川 真［著］

森とカビ・キノコ

樹木の枯死と土壌の変化

築地書館

はじめに

永い進化の過程を見ると、自然に育っていた樹木が病気や害虫に侵されて大量に枯れたり、森林が山火事や自然災害などで消えたりした例は多い。したがって、大騒ぎするほどのことではないかもしれないが、二十世紀初頭以来、なぜか樹木が大規模に枯れるという奇妙な現象が増えている。今、日本でもアカマツやクロマツの枯れがどんどん北上し、ミズナラやコナラ、シイ、カシなどの広葉樹も大量に枯れている。亜高山帯の針葉樹やスギ、ヒノキなども衰弱し、タケにも異常が見られる。なぜ、こうなったのだろう。

私は植物病理学が専門でもなく、病原菌や害虫について深い知識を持っているわけでもない。しかし、なんの因果か、マツタケとのつながりで松くい虫から始まって、大気汚染によるスギの衰退、クリの立ち枯れ、ナラ枯れ、ウメやリンゴなどの果樹の枯れと、樹木の枯死に立ち会うことが多く、今も海岸林で枯れるクロマツと格闘している。

ここに紹介する仕事はいずれも、樹木の枯死と土壌微生物や菌根との関連を調べて、「なぜ、木がこれほど枯れるのか」、その背景を調査してほしいという依頼によるものだった。そのため、病気や害虫を直接扱うというより、疫学的な見方にそって、樹木を健全に保つ方法を考えることを主にしてきた。

　樹木の枯死については、森林を相手にするので、どうしても疫学的調査から入らざるをえない。ところが、被害が進行すると一網打尽になり、その背景となる誘因が見えなくなってしまいがちである。生態系の変化を知るためには、対照とするものが必要だが、広域に影響が及ぶと、それがなくなるため、当然過去と比較して考えざるを得なくなる。そのため、ここでもいきおい古い話を持ち出すことになった。言い換えれば、被害が始まる以前と始まった直後の状態を知ること、いわゆる初動捜査を的確に行わなければならないのである。

　このような調査研究は、いきおい状況証拠を追いかけることになり、なんとなく「風が吹いたら、桶屋が儲かる」の類で、曖昧な点も多く、科学論文にならないうらみがある。私たちが行った調査研究結果のほとんどは内部報告書の段階に止まっており、人の目に触れる機会も少なかった。そのため、間違いや思い込みも多く、我田引水になりがちだが、これまで見聞きしたことを、この際思い切ってまとめてみることにした。

　これは、近年地球的規模で拡大する樹木の枯死現象の誘因がどこにあるのか、考えるつもりで書いたもので、文献を網羅し、知識をまとめた教科書ではないことをお断りしておく。私が気にしているのは、樹木の大量枯死の原因は「病原菌や害虫だけなのか」「大気や土壌の汚染がかかわっているのか」「温暖化を含む大規模な環境条件の変化によるものなのか」などといった、煩雑で扱いにくい話題である。当然不明なことが多く、現象を説明しきれない悩みも多いが、地上の環境だけでなく、土の中の世界や植物の根の働きなどにも注意を払っていただければ幸いである。

目次

謝辞

この本に紹介する内容は、永年ともに働いた人たちや私自身の体験を基にしたもので、多くの方々に手伝っていただいた成果である。マツやスギの枯れやその治し方については、マツタケ研究懇話会として共同研究に加わっていただいた、伊藤武氏をはじめとする公立林業試験研究機関の方々、「白砂青松再生の会」のみなさん、故山家義人氏、日本樹木医会島根県支部の柿田義文氏、佐藤仁志氏、槙野浩二郎氏、出雲土建株式会社社長石飛祐司氏ほか多くの方々のお世話になった。

クリの枯れについては、果樹園土壌を教えてくださった果樹試験場の関谷宏三氏と共同研究者で報告書をいただいた福井県農業試験場の杉本明夫氏、山梨県林業試験場の柴田尚氏らに感謝する。

ナラ枯れについては、生物環境研究所でともに働いた伊藤武氏、末国次郎氏、川本邦夫氏、丹後きのこクラブのみなさん、元福井県グリーンセンター研究員の井上重紀氏と笠原英夫氏、害虫と病原菌に関する調査報告書や解説書をいただいた三重大学の伊藤進一郎氏、森林総合研究所の黒田慶子氏、京都府林業試験場の小林正秀氏、積雪と汚染物質の集積に関する研究報告書をくださった山形大学の上木勝司氏と飯田俊彰氏、テレビ朝日の番組として取り上げてくださった、オフィスボウの田中明夫氏などに感謝する。

また、ウメの立ち枯れ症について、調査研究の便を図られた和歌山県の方々と関西電力の泉正博氏らにお礼申し上げる。世界の森林衰退や酸性雨などに関する報告書をいただいた国立環境研究所の村野健太郎氏や電力中央研究所の河野吉久氏、森林総合研究所の堀田庸氏、土壌汚染と酸性降下物についてお教えいただいた大森禎子氏、その他、論文や文献、情報などをご提供いただいた多くの方々にお礼申し上げる。

なお、できるだけ多くの論文や著作を網羅するのが望ましいが、煩雑にすぎると思われたので、引用させていただいたものと一般的なものに限って、巻末に章別に記載した。著作の中の文章や図版などを引用させていただいた方々に感謝申し上げる。

と序文を書いて、三章あたりまで書き進んだところで、アメリカ、マイアミ大学の菌学者、ニコラス・マネーさんが先の日本語版『ふしぎな生きもの　カビ・キノコ』に続いて、原題名“The Triumph of The Fungi : Rotten History”（小川真訳『チョコレートを滅ぼしたカビ・キノコの話』築地書館二〇〇八）という本を出してくださった。さっそく読んでみると、過去から現在まで、世界的な規模で発生した樹木や作物の菌による病害をまとめたもので、大変面白い植物病理学物語だった。日本の事例を紹介する前に読んでいただくと、さらに理解しやすいと思ったので、その翻訳を先にして築地書館から出版していただくことにした。合わせてお読みいただければ幸いである。

また、本書の出版を引き受け、完成に至るまで、お力添えいただいた築地書館の土井二郎社長と社員のみなさんにお礼申し上げる。なお、植物の絵（カバー）を描き、校正を手伝ってくれた小川洋子さんに感謝する。

二〇〇九年四月　　　　黄砂に覆われた空を仰ぎながら　　　　小川　真

第一章 とまらないマツ枯れ

寿命が尽きた「定めの松」

二〇〇六年春、出雲市で樹木医会の中国支部大会が開かれたとき、樹木医さんから島根県太田市の「定めの松」が枯れそうになっているので、折があったら見てほしいと頼まれた。その後、マツの樹勢回復に取り組んでいる出雲土建株式会社に仕事がまわり、槙野浩二郎さんから詳しい資料が届いた。太田市の教育委員会の委嘱で樹木医の柿田義文さん、佐藤仁志さん、槙野さんなどによって行われた詳しい調査報告書[1]である。

推定樹齢四〇〇年の「定めの松」は国立公園三瓶山《さんべさん》の西側斜面、標高五〇〇メートルほどのところに二本並んでそびえていた。この山は過去に何度も噴火を繰り返した活火山である。周辺には火山礫や火山灰が堆積した台地が広がり、黒ボク土壌のために古くから農業や畜産業が行われている。

写真1-1　枯れる1年前の「定めの松」島根県三瓶山

近くにはスギの埋もれ木の林が残っており、温泉も出る観光地である。

「定めの松」は三瓶山の西の原を通る街道沿いに、四〇〇年程前石見銀山の奉行を務めた大久保長安の命によって一里塚として植えられたといわれている。ちなみに、元能楽師の大久保長安は徳川家康に仕え、徳川幕府の成立時期に財政担当として権力を振るい、後に謀反の疑いを受けて一族もろとも処刑された人である。

したがって、伝説が本当なら、四〇〇年以上たっていることになるが、幹の芯が完全に腐っているので、樹齢は定かでない。いずれにしても、クロマツとしては珍しい老木である。道を挟んで立つ二本の大木のほかに、数年前に枯れてしまった「片腕の松」や一〇〇年を超える木が何本か今も残っているので、江戸時代にクロマツの並木が作られ、数百年の間守られてきたのだろう。

二〇〇六年六月、初めて訪れたときには、すでに二本とも衰弱しているように見えた。特に西側のものは葉の基部が黄色くなって葉色も悪く、全体に萎れて葉の量も少なくなっていた。新芽も伸びず、軟らかくなっていたので、これでは、とても夏が過ごせそうもないと思った。「四〇〇年もたった老木だから、多分ダメでしょう」といったが、市の指定天然記念物になっているので、地元の人たちは「ぜひ、何とかしたい」とのこと。

西側の大きいクロマツは樹高約二三メートル、幹の周囲約五メートルで、高さ六メートルほどのところから三本の幹が分かれている。塚の上に植えられたものと見えて、太い根が蛸足状に地表に出て幹を支えている。大枝が広がり、見事な樹形を保っていたが、幹はすでに空洞になり、裂け目が入ってヒトクチタケが出ていた。数年前までツタやサクラが一緒に育っていたという。

同じころ植えられたらしいが、東側のマツは少し小ぶりで、雷に打たれて焼けた跡がある。これも多少弱っているが、まだ葉の量も多く、葉色も鮮やかだったので、マツノザイセンチュウにやられない限り、今のうちに手入れすれば延命できると思った。

いずれにしろ、夏は治療の適期ではないので、しばらく様子を見ることにした。

八月に入ると、マツノザイセンチュウは検出されないが、高いところの葉が完全に赤くなったという報告が来た。このところ、雪が少なく乾燥気味で、夏の暑さも厳しく気温が高かったため、衰弱が早まったらしい。衰弱して吸水力が落ちると、マツノマダラカミキリに襲われやすくなる恐れがあるので、夏の間根元に散水してもらうことにした。しかし、それもすでに手遅れで、秋の初めに撮った写真を見ると、すっかり葉の色が変わってしまい、救いがたい状態に陥っていた。

炭による延命措置の限界

一〇月二五日に行ってみると、ますます症状が進み、一部を除いて葉が完全に変色していた。特に高いところは水が足りないらしく、すでに茶色になっている。弱っている大きい方は、たぶん年内に枯れると思ったが、一部でも残ればというので、穴を掘って根が見つかったところへ炭を埋めることにした。

東側の方は、一一月に表土と草を削り取り、根元の土を除き、踏圧を避けるために柵で囲うことにした。また、細い根が見つかったところには炭の粉を埋め、菌根菌、コツブタケの胞子をまいてもらった。聞くところによると、こちらも細い根はほとんど見当たらず、捜すのに苦労したということだった。当時、マツノザイセンチュウは検出されていなかった。

一一月一九日は朝から三瓶自然館で関係者にマツの樹勢回復法について話し、一〇時半から「定めの松」の樹勢回復作業をすることになっていた。マツの仕事で出向くと、晴れることに決まっているが、この日は朝から土砂降りの雨で、みんな「幸先がよくない」という。「太田の自然を守る会」の人たちや関係者もカッパを着て集まったが、不思議なことに作業が始まると、雨がやみ、終わるとまた激しく降りだした。三〇人を超える人が一斉に働いたので、仕事がはかどり、一時間もしないうちに終わったが、なんともすっきりしない気分だった。

二〇〇七年の春になって、西側の木でも下枝の芽が動いているという報告があった。写真を見ると、芽は出ているが、伸びていない。一部でも何とかなるかと思ったが、六月に入ると枯れが進行し、通行に危険なので上の枝や幹は切ることになった。広葉樹なら、上部が死んでも萌芽して生き残ることもあるが、マツの場合は地上部が枯れたら、おしまいである。

二〇〇七年六月一八日、ついに寿命が尽き、地上数メートルを残して伐られてしまった。二五日に行って見ると、無残な切り株が残り、大きな幹が道端に並んでいる。枝分かれした太い幹の樹齢は二五〇年を超えていたので、言い伝えは本当かもしれない。

ちなみに、樹木医の柿田さんによると、一九六五年に二本のマツの間を通る道路が舗装され、その後しばらくして衰弱が始まったという。工事のとき側溝をひくためにマツの太い根をかなり切ってしまい、根を台無しにしたのだろう。一九五三年に撮った写真と比べると、明らかに道路に面した枝が枯れて伐られ、少なくなっている。さらに、この道路は地元の幹線道路で交通量も多く、登り坂でエンジンをふかすので、局所的な大気汚染も関わっていたかもしれない。今さら道をつけ替えるわけにもいかず、近代文明が「定めの松」の敵になったといえそうである。

地元の人たちがこの名木を惜しんで、材で記念になるものを作ろうという相談が出来上がり、市の教育委員会が地元の活動を支援することになった。また、子供たちに生命や自然の大切さを教えるために、この木を挿し木で増やし、種を採って苗を作る試みが島根県緑化センターで行われている。いずれ、近いうちに同じ遺伝形質を持った二代目の「定めの松」がよみがえることだろう。

枯れる前にはマツノザイセンチュウが検出されたそうだが、この場合、それが直接枯死の原因になったとは思えない。この老木は何年もかかってゆっくりと衰え、根と梢端から枯れていった。根元の太い根から出た不定根とつながっていた枝だけが最後まで生き残っていたが、ついに水切れを起こして枯死した。これは樹木が老衰によって自然死した典型的な例である。

ここ数年、数百年を経たマツの老木が枯れる例が増えている。島根県では、いずれも樹齢三〇〇年を越す松江城の堀端のクロマツや大きな盆栽のような形をした松江市内の「船着きの松」などが、同じように衰弱して枯れた。山梨県でも立派な盆栽型のマツが二本も枯れていたが、これも衰弱型である。聞くところによると、天の橋立や小田原城跡などでも衰弱した木が増えているという。また、鳥取県の大山寺に至る道路沿いにある樹齢数百年の大きなクロマツの並木も、同じように何本も枯れている。

これらは、いずれも明らかに衰弱による枯死である。後で触れるように、老木だけでなく、若いマツにも衰弱枯死する例が増えている。その原因は必ずしもマツノザイセンチュウだけでもなさそうだが、まず、「松くい虫防除」から考えてみよう。

広がるマツ枯れと防除の問題

「定めの松」の場合も、マツノマダラカミキリの害を避けるために殺虫剤を空中散布していたが、最近中止したという。その代わり樹幹注入が行われている。周辺の山では年ごとに枯れるマツの本数が増えており、一〇〇メートルも離れていないところで点々と枯れだしている。

近くにある昭和天皇「お手植えの松」を見にいったが、どうやら元のものは枯れて、植えかえたようだった。周辺にあるアカマツとクロマツの造林地は草ぼうぼうで落ち葉が厚く積もり、マツは徒長して枯れが入り始めている。残念ながら、このまま放置すると、いずれ石碑だけが残ることになるだろう。その後、鳥取県の大山へ行ってみたが、標高五〇〇メートルほどのところにある有名な肌の赤い「大山松」の森がマツノザイセンチュウにやられたのか、かなり赤くなっていた。

以前はマツノマダラカミキリの習性や病原性の弱いニセマツノザイセンチュウがいるため、高地や寒冷地には被害が出ないとされていたが、マツ枯れは近年になって明らかに高い所へ登り始めた。さらに、最近は枯れ方もマツノザイセンチュウによるものだけでなく、衰弱枯死するものが混ざりだしたように思える。いずれにしても、これから温暖化や汚染が進むと、数百年続いていた環境が大きく変わり、マツが枯れる危険性はますます高まることだろう。

ところで、今各地で殺虫剤の散布が問題になっている。「白砂青松再生の会」の仕事で地方へ出かけると、薬剤散布を批判する人が多い。いわく「健康被害は」「永年撒き続けると、悪影響が出るのでは」「枯れ木を伐倒し、薬剤処理しているが、効果のほどは」「何年も薬剤を撒き続けたが、その割に効果がない」などなどである。これらの疑問に的確に答えるのは難しいが、順を追って私なりの見方を書いておこう。

薬剤散布――健康被害

まず、「健康被害」については、最近問題になった事例がある。島根県では自然保護運動に熱心な人たちが県の方針を批判したため、二〇〇八年度は薬剤散布を見合わせることになったという話を聞いていた。その直後、槙野さんから二〇〇八年五月二七日付の山陰中央新報[2]を送ってもらったが、その一面トップに「児童、生徒四七三人不調訴え、農薬散布後に」という見出しが出ていた。

それによると、「出雲市内の小中高校一五校で二六日午前八時半ごろから、児童・生徒四七三人が次々と眼のかゆみなどを訴え、一五四人が病院などで受診し、中学二年の男子一人が頭痛を訴えたため入院した。出雲市は同日朝に実施した松くい虫防除農薬の空中散布が原因の疑いもあるとみて、二七から二九日の空中散布を中止した」と出ている。

それから月末まで連日報道され、薬剤散布を中止、または見合わせる市町村が増えたので、国、県、市町村などが調査検討委員会を開き、因果関係の検討に入ったという。ただし、薬剤散布範囲は人家から離れた外園海岸や浜山公園で、訴えがあった範囲が広かったことや散布された農薬が散布範囲の外では検出されなかったことから、公式には「因果関係がはっきりしない」ということになった。

ただし、薬剤散布を中止すると、翌年から急速に枯れが広がったという例もあるので、今後どの程度枯死が広がるのか注意して見ておく必要がある。二〇〇八年十一月五日に行ったときには、これまできれいな状態を保っていた外園海岸のクロマツが枯れだしていたので、気がかりである。問題が発生したころは、黄砂がまだひどい時期で、大気汚染物質の量も増えていたのかもしれないが、ニュースでは触れていなかった。はっきりしたことはわからないが、一九七〇年代の初め、大気汚染の調査に携わっていたころ、東京や京浜工業地帯で見られた、光化学スモッグや亜硫酸ガスによる健康被害に似ているように思えた。薬剤散布が季節的に海を越えてくる広域汚染と複合していた恐れもあるだろう。

薬剤散布――永年撒き続けると

「永年撒き続けると、悪影響が出るのでは」という問いについて、完全に防除できる見込みが立たない場合や場所では、散布を控えた方がよいと思う。

一九八〇年代の初めごろ、薬剤をヘリコプターで撒布し、その効果を測定する調査に二回ほど参加したが、はたしてどれほどの効果があるのか、当時疑問に思ったものである。

ヘリコプターによる散布の効果を調査したマツ林で、使用されていたのはスミチオンだった。粘着性で昆虫の体について初めて殺虫効果が表れるという薬剤である。ヘリコプターが通り過ぎると、空からぱらぱらと白い小さな粒が落ちてきた。測定用のシートを見ると、場所によってまったく白い粒のないものや、たくさん着いたものがあって、一様には落ちていない。

ヘリコプターで撒布すると、多くの場合落ちる薬剤の量が空気の流れによって変わる。まして粒が大きい場合はかなり不均一になりやすい。スプリンクラーや噴霧器でミスト状にして地上から撒くほうが、まだしも均一になるが、地上撒布ができるのは公園や緑地ぐらいのもので、山では不可能である。

また、マツノマダラカミキリが飛びまわっている時期に散布しないと、効果が上がらないので、撒くタイミングも問題だった。薬剤散布の後でネットの中に落ちてきた虫を見ると、マツノマダラカミキリ以外のものばかりで、クモなども交じっていた。

「松くい虫被害対策特別措置法」で対象とした「松くい虫」とは、「松の枯死原因となる線虫類を運ぶ松くい虫をいう」となっている[3]。したがって、防除の対象となる昆虫は線虫を運ぶものに限られるはずだった。しかし、少なくとも初めのころ使われた薬剤は選択性が低く、弱毒性だが、ほかの昆虫や鳥類などにも有害だとされていた。いずれにしても、永年殺虫剤を撒き続けるのは、人にとっても他の生物にとっても望ましいことではない。森林生態系の中の生物多様性を損なうことは確かである。

後に環境庁の依頼でマツ林にスミチオンなどの殺虫剤を撒布し、キノコや土壌微生物に表れる影響を調べる調査研究に加わった。調査を担当したのは京都府林業試験場で、若いアカマツ林に散布量を変えて薬剤を毎年撒布し、五年間その影響を見た。通常の散布量ではキノコにも土壌微生物にもほとんど変化が見られなかったが、倍量では菌根菌が多少減り、土壌微生物も変化するように見えた。しかし、これだけの実験ではなんともいえないということになり、公式には影響はほとんど認められないという回答になった。

土壌微生物やキノコに対する薬剤散布の影響を見たのは、これ一回限りで結果は公表されていない。当時五年間散布すれば、被害が収まるというので、調査期間は五年とされたが、数十年散布し続けるとどうなるのか、詳細は不明のままである。

薬剤散布——枯れ木の処分は

「枯れ木を伐倒し、薬剤処理しているが、効果のほどは」という質問も多い。まだ枯死の原因がマツノマダラカミキリとマツノザイセンチュウによるとされていなかったころは、「松くい虫」という複数の穿孔虫がマツの幹や枝に入って、食害するために起こるとされていた。なお、枯れ木の処理方法については、『松が枯れてゆく』[4]という本に詳しい解説が出ている。

第二次大戦後、被害があまりにもひどかったので、アメリカ合衆国農務省の森林昆虫の専門家、ロバート・ファーニスがGHQの顧問として来日し、日本の研究者と協力して対策を立てることになった。おそらく、彼は二十世紀初頭に欧米で大流行したクリ胴枯病やニレ立枯病防除の経験があったと思われるが、一九五〇年に徹底した防除事業を進めるよう、二度にわたって勧告した。その方法は、枯れが入り始めたマツ林を予防のために健全なものまで伐倒し、樹皮をはいでBHCなどの薬剤をかけ、根株まで焼却処分するという徹底したものだった。

そのおかげで、ほぼ十年間は被害が年三〇万立方メートルほどに抑えられていた。実際、この手間のかかる方法が最も効果的だったのだが、経済成長が始まる一九七〇年代からは人手や資金不足のせいもあって、もっぱら薬剤に頼ることになった。一九七二年、七三年には、ふたたび年七〇万から一〇〇万立方メートルに増えた。その後、被害地域が関東から東北へと太平洋岸沿いに北上し、一九七九年には二四三万立方メートルに達したが、最近は枯れる木もなくなって、しだいに減少している[5]。

私たちは今、この焼却処分を京都府の海岸林で実行している。京都府の北、函石浜に一九九七年植えた若いマツ林がある。ここ三年ほど毎年一二月になると、丹後きのこクラブのメンバーに手伝ってもらって枯れた木を焼却し、間伐や落ち葉かき、草刈りなどの手入れを続けている。実は、最初の年に枯れたものを放置したために翌年枯れが広がったので、それに懲りて今はすべて焼却している。今年枯れたマツは一七本で、昨年よりは減ったが、近くに集団で枯れているマツ林があるので、なかなか枯れが止まらない。

冬に枯れたマツの幹を割ってみると、その中に入っているマツノマダラカミキリの幼虫が見える。長さ二〇センチ、直径七、八センチの幹に五、六匹も入っており、時には細い枝にも入っているから、羽化するとかなりの頭数になるはずである。初夏に羽化した成虫は、その年に出た若い新梢や枝をかじり、体に持っているマツノザイセンチュウを植え付ける。カミキリは線虫がマツを弱らせると、木に卵を産みつけるというわけである。孵化した幼虫は幹の奥深く潜って越冬しているので、表面に薬剤をかけたぐらいでは容易に死なない。

「松くい虫被害対策特別措置法」にいう「特別伐倒駆除」[3]とは「松くい虫が附着している松の樹木の伐倒及び破砕又は当該樹木の伐倒及び焼却（炭化をふくむ）をいう」とされており、炭化も処理方法として認められているのである。ただし、炭化は手間がかかり、使う人もいないために、実行された例はほとんどない。ただ、秋田県では、かつて枯れたマツを炭化して、砂丘に埋める方法が試みられていた。他のところでも機会があるたび、簡易な炭化炉、例えば「無煙炭化器」（ムキ製作所）[6]を使って炭にしてもらうように頼んでいるが、思ったほどには進んでいない。

焼却がよいといっても、大量のマツ材を山の中で、しかも伐倒直後に焼却するのは難しい。人が近づけないような場所でも、マツは同じように枯れるので、山地で被害が激しくなると、焼却法も有名無実になってしまう。多くの場合、薬剤をかけただけで焼却せず、現場に放置されているのが現状で、十分効果が上がっているようには見えない。とはいえ、幼虫の段階で処置しないと、被害は確実に拡大するので、焼却か炭化する以外に手がないのである。

枯れたマツの材やチップも初めのころは利用されることになっていたが、薬剤がかかっているために嫌われたり、輸入材や輸入チップが増えたりしたために、次第に使われなくなっていった。また、チップを枯れているマツ林の中に敷き詰めているところもあるが、これは根や菌根にとって逆効果である。

薬剤散布——薬剤散布の効果は

「何年も薬剤を撒き続けたが、その割に効果がない」という意見が多い。薬剤を散布し続けても枯れてしまうのは確かで、残念ながら薬剤散布だけでマツ林が保たれたという例はほとんどない。

多くの人が、これまでの対策に疑問を抱いているのも事実である。しかし、それを今さら批判してみても仕方がない。

岡山県で「赤松を守る会」の大会が開かれたとき、招かれて、マツタケ山を守るためには、大掃除以外に方法がないことを説明した。そのとき帰りの車の中で、防除対策のリーダー的存在だった伊藤一雄さんから、「どうも、あなたの説が当たっているらしいから、これからはよろしく」といわれたのを思い出す。「今さら」とは思ったが、世論に押されて見切り発車した責任者の苦悩がにじんでいる言葉だった。[7] マツタケ山造りと同様、松くい虫の場合も、人の手で自然をコントロールするのは極めて難しい。かといって何もしない方がよいともいえない。少なくとも、同じ過ちを繰り返してはならないのである。

私も薬剤散布には批判的なほうだが、マツ林の手入れをしないまま、薬剤散布を中止すると、急激に枯れが広がる心配がある。実際、日本海沿岸では薬剤散布の中止後、数年で大量のマツが枯れてしまった例が出ている。後に述べるように、最近はマツの樹勢が衰えているので、山地でも海岸林でも被害の出方が激しくなったようである。

いつまでも薬を撒き続けるわけにもいかない。では、どうすればいいのか。たとえば、出雲大社の場合、背後の山では年々アカマツの枯死本数が増えているので、マツノマダラカミキリが間違いなく境内まで飛んできているはずである。神社仏閣や景勝地で、マツが景観的に重要な場所では、安全な防除方法をとらざるをえない。薬剤散布を中止するなら、マツを守るために炭などを使って根や菌根を増やし、樹勢を回復させたうえで、薬剤の樹幹注入を試みるしかないだろう。[8]

もう一つの方法は、マツノマダラカミキリに対する抵抗性を持ったマツを植え、炭を土壌施用するやり方である。京都府の林業試験場が函石浜でやった試験区に出ている結果が面白い。私たちが実験を始めた一九九七年に、近くに試験区を設け、選抜した抵抗性品種のクロマツを植えたり、木炭の粉を植え穴に施用したり、地表を木材チップで覆ったり、施肥をしたりと、効果を比較するためにいろんな試験を行った。ただし、植える前に表土を強く剥ぎとる作業は省略し、そのままの状態で植えていた。

植えて数年たつと、すぐ枯れ始め、今はわずかに二か所だけ残っている。とげだらけのニセアカシアをかき分けて近づいてみると、その区画は立て看板に「抵抗性のマツ植栽」と「木炭施用」と書かれている試験区だった。クロマツはここだけで生き残り、それ以外は全滅していた。とすると、この二つを組み合わせて植林すれば、多少は何とかなるのかもしれない。

もっとも、一口に植林といっても、生易しいものではない。ボランティア活動で取り組んでいる地域は、年々増えているが、山のアカマツ林や広い海岸林を対象にすると住民負担も増える。もし、なんとしても守りたいのなら、長期計画を立てて地球温暖化問題に関わる公共事業として取り組んでもらうしかないだろう。

衰弱枯死するマツ

二〇〇八年一一月六日、出雲市にある浜山公園を管理しているメンバーや地元のボランティア団体の人たちと一緒にマツ林を見て歩いた。近年あまりにもマツ枯れがひどくなってきたので、市や県が地元と協力して浜山を守る運動を百年計画で進めることに決めたそうである。

この浜山のマツ林は江戸時代の中ごろ、篤志家の井上恵助さんが近在の田畑を飛砂から守るために、私財をなげうって造成した立派なマツ林だった。[9] 二〇〇〇年代に入って枯れが急速に広がり、樹齢二〇〇年を超すクロマツやアカマツも枯れている。井上恵助翁奉賛会の人たちが保存運動を続けているが、枯れる本数は年々増加している。

二〇〇八年度の枯れ方はことのほかひどく、老木から若い木まで、次々と枯れた。奇妙なことに、落ち葉や灌木のあるなしにかかわらず、枯れてしまうのだから、手の施しようがない。最近増えている枯れ方は、いわゆるマツノザイセンチュウ病による頓死型の枯死ではない。部分的に枝葉が萎れて葉の色が変わり、やがて全体に葉が黄ばんで垂れる変な枯れ方である。

公園の林内に菌根菌のツルタケダマシが出ていたので、その近くの根を調べてみたが、わずかに菌根が見えるだけで根はほとんど腐っていた。そこで、踏圧で固まった砂を壊して掘り返し、根を露出させて炭を入れる方法を実際に見てもらった。衰弱した木の場合は、この方法である程度救えるかもしれないが、本数が多いので、大変な作業になりそうである。

一方、三年前マツが枯れた跡に植えた若いクロマツは元気に育っており、その近くにコツブタケの子実体がかなり出ていたので、菌根菌が消えてしまったわけではない。二年前に落ち葉を完全にはいで植えたところでも苗は育っていたので、上手に整地して植えれば、マツ林を復活させることもできるはずである。

最近、各地で見かけるようになったが、二、三年かけて衰弱が進み、ゆっくり枯死する衰弱型の枯れ方が増えている。これはアカマツとクロマツ双方に見られるが、どちらかといえばアカマツに多い。山のアカマツが小さな球果をたくさんつけ、それが落ちないまま残り、葉の色が薄くなって、木全体が萎れて枯死する例が、関西地方の山で増えている。

原因はまだはっきりしないが、これは一種の水切れ症状で、新芽の生長が止まり、折ってみても樹脂がほとんど出ないのが特徴である。公園などでは踏圧のせいで根が傷み、吸水力が低下したためとも考えられるが、山の中のように、そうでない場合も多い。このような枯れ方の場合、根を掘ってみると、いずれも根が紐のように徒長し、側根が出ず、細根が黒く腐っている点が共通している。もちろん菌根はない。要するに、発根した根がその年に死んでしまっているのである。

津波を防ぐマツが弱る

同じような衰弱による枯死は岩手県陸前高田の高田松原でも見られた。二〇〇八年一一月一五日に東北新幹線の一ノ関駅で東京医科歯科大学の金城典子さんの出迎えを受けて、車で陸前高田に向かった。その道すがら、枯れたアカマツが目にとまった。マツノザイセンチュウ病によるマツ枯れはすでに宮城県を通過して岩手県に達しており、山ではかなりの本数が枯れている。

一九八〇年代に太平洋岸のマツ枯れを調査したころは、福島県で止まっていたのだから、かなり北上したことになる。日本海側でも、同じころに見た酒田や庄内海岸のマツはまだきれいだったが、最近は青森県にまで及んでいる。また、三瓶山や大山、この夏訪れた長野県や山梨県でも、標高八〇〇メートル近くまでマツ枯れが広がっている。明らかにマツ枯れは北上し、山を登り始めたのである。温暖化のせいだと言ってしまえばそれまでだが、マツノマダラカミキリの分布範囲や羽化する時期なども、狂ってきたという話をよく耳にするようになった。

陸前高田ではちょうど海岸林学会が開かれていたので、佐賀大学の田中明さんと金城さんのお世話で、それに便乗させてもらい、地元の人たちにマツ林の手入れの仕方や炭の使い方、胞子の撒き方などを見てもらうことにした。

高田松原での枯れ方には、マツノザイセンチュウによる頓死型も見られるが、むしろ葉の色が薄くなって垂れ下がる衰弱型が多い。ここでも枝先や梢端が徒長しており、このまま放置すると、間違いなく徐々に枯れていくことだろう。

このマツ林は江戸時代の初めごろから造成されたもので、ところどころに樹齢三〇〇年を超す大木が残っている。大方は樹齢一〇〇年前後で、樹高は二〇メートルを超え、林縁や汀線近くには一〇年足らずの若い木も生えている。ただし、林内では天然下種した若木が見当たらない。落ち葉が厚くなって、天然更新できないからである。

時々立ち止まって穴を掘りながら、地元の人と一緒に落ち葉の状態や根の様子を調べてみた。三〇年以上落ち葉かきをしていないので、足の下がブカブカするほど落ち葉が厚く堆積し、切れ目を入れてひっぱると、腐った畳のようにはがれてくる。草や灌木の根がその中に入り、マツの根も落ち葉の中にあがって徒長し、黒く腐っている。菌根はほとんど見当たらない。表面の砂の層にも腐植が入って黒ずみ、典型的な富栄養化である。一方、落ち葉かきをしているところでは細根が多く、菌根も見られた。また、汀線に近い若いマツは元気で、ショウロの菌根と思われる白い菌根がたくさんついていた。

枯れた木の切り株の年輪を数えると、樹齢二五〇年ほどで、ここでも三〇年ほど前から年輪幅が厚くなり、最近は異常に太っている。地元の人の話では、数十年前まで、落ち葉かきが盛んだったというので、そのころは文字通りの白砂青松だったのだろう。

陸前高田市では「高田松原を守る会」や「陸前高田ロータリークラブ」、「美しい地域づくり研究会」、市役所の都市計画課などが中心になって、保全活動に取り組んでいる[11]。毎年草刈りが行われ、落ち葉かきも始まっているので、林内は比較的きれいに保たれていた。

海岸林学会で佐々木松男さんが報告した資料[12]によると、三陸沿岸地方では一八九六年に起きたマグニチュード七・四の三陸沖地震による津波で死者二二〇〇〇人が出た。一九三三年にはマグニチュード八・三の地震による津波で死者三〇〇八人を出し、一九六〇年にはチリ沖地震による津波が、また陸前高田を襲った。

三陸沖地震では波の高さはさほどでもなかったが、波力が強く大きな被害が出た。これに反して、チリ沖地震の時は小さな波から始まって次第に大きくなり、一時間以上の間隔をおいてゆったりと押し寄せてきたそうである。

また、マツ林があった場所は波の勢いがそがれたために、内陸部の被害が少なく、マツ林がなかったところでは波力が強く、奥深くまで波が打ち寄せた。スマトラ沖地震の時も、マングローブ林が波を抑えるのに役立ったそうだから、海岸林の効果はすでに証明済みである。
ここにも高さ六メートルの堤防が作られているが、堤防は波がその高さを超えると意味がなくなり、潮が引くのにも時間がかかる。このこともニューオルリンズの高潮の例でよく知られている。マツ林の柔軟さが災害を防ぐのに役立つのは確かな事実である。これから災害が多発する時代に入るので、海岸線を保全する重要性がますます高まることだろう。と書いていたら、ニューギニアで発生した津波が日本まで届いたというニュースが流れた。

増えているマツの病気

最近主として山陰から北陸にかけて奇妙なマツの病気が流行っている。日本樹木医会島根県支部編集のパンフレット『庭園木マツに発生する病虫害―診断と防除―』[13]に、マツに発生する重要三病害が図版入りで解説されているので、それを紹介しておこう。

ひとつは *Lophodermium painastri* という子嚢菌による「マツ葉ふるい病」で、「八月ごろからその年に出た葉の上半部に黄色と茶色が混じった、かすり状の病斑が生じ、翌年の二月、三月になると、葉全体が褐変し、以後激しく『ふるい』落ちる」と書かれている。

この菌は葉の表面に子嚢盤を作り、分生子殻も作る。落ちた葉から夏の間に子嚢胞子や分生子が飛び出して、若い葉に感染する。菌がつくと褐色の斑点が出て、次第に病斑が広がり、葉の先から褐色に変わる。その後落ちた葉の上で子嚢盤が成熟し、子嚢胞子ができる。マツがこの病気で枯死することはないが、葉の量が減るので、木全体が衰弱するという。

二番目は*Leocanostica acicola*という不完全菌による「マツ褐斑葉枯病」で、「八月ごろから針葉に黄褐色の斑点が生じ、斑点部から葉先まで褐色から灰褐色に変色して枯れる。葉枯れの被害は翌年の三、四月に最も目立ち、発病して枯れた葉は三月から五月に落葉する」と書かれている。この病気はマツ類の苗木を枯らす病気として、アメリカでは一九世紀からよく知られていた。日本では一九九六年に島根県雲南市三刀屋町の庭木のクロマツで初めて確認されたそうである。

この病気にかかると、針葉が先端から変色する。初めは部分的に葉枯れが発生するが、次第に木全体に広がり、ひどい場合には枯れたように見える。数年葉が枯れると、芽も出なくなって樹体が衰弱し、木全体が枯死する場合もある。

この菌も子嚢菌だが、子嚢胞子を作らず、分生子堆を作って分生子を飛ばす。八月に感染すると、葉の中で広がる。枯れて落葉すると、分生子堆が成熟して、また分生子を作るので、かなり感染率が高いという。

三番目は*Dothistoroma septosporum*という不完全菌によるマツ赤斑葉枯病で、「一一月ごろ新しい葉に褐色斑が生じ、針葉が激しく赤褐色に変色して枯れる。被害が激しいと、木全体が枯れたように見える。連年発病すると、枝枯れや全木が枯死することもある」と書かれている。なお、一九八二年に出た『原色樹木病虫害図鑑』[14]にはマツ赤斑葉枯病は載っているが、マツ褐斑葉枯病は出ていない。

この病気の症状はマツ褐斑葉枯病とよく似ているが、一一月ごろ、その年に出た葉に褐色の病斑が出るので区別できる。葉の先端から変色して枝全体が赤褐色になり、まるで潮風に当たったときのようになる。春先に被害が目立ち、枯れた部分が多くなった葉から落葉する。そのため、ひどい場合は葉の量が減り、すぐ全体が枯死するように見える。病原菌の挙動はマツ褐斑葉枯病の場合に似ており、分生子堆を作って分生子を飛ばすので、これも感染しやすい。

パンフレットには島根県における病害発生地が、一九九二―二〇〇二年と二〇〇六―二〇〇七年に分けて描かれている。先の一〇年間はマツ葉ふるい病が海岸近くに多く、二種類の葉枯病はまださほど多くない。しかし、二〇〇六年以降は被害地域が内陸に広がり、マツ褐斑葉枯病とマツ赤斑葉枯病の方が多くなっている。病気の分布範囲が次第に変化し、病気の種類も変わってきたように見える。

病気が発生しやすいのは、土が硬くて浅いか、水はけの悪い場所で、根が傷みやすい条件がそろっているところだという。これらの病原菌はマツが衰弱したときに感染しやすくなる性質があって、健全に育っている海岸のマツなどには、まだ発生していない。おそらく、木が少し弱ってくると、植木屋さんが肥料をやり、土の表面に殺線虫剤などをまいたりするので、せっかくの治療が逆効果になりかねない。庭園のマツの衰弱は多くの場合、処置の行き過ぎにあるように思われる。

劇的な治療効果

福井県高浜の「根上がりの松」や出雲大社の「相生の松」、などの場合も、肥料や薬剤の使い過

写真1-2　炭で病気が治った庭園のマツ。（日本樹木医会島根県支部提供）
松江市民家の事例　　左：平成17年3月　　右：平成18年3月

ぎによって弱った例だが、いずれも根を炭で再生させて治すことができた。最近寄せられた何人かの報告によると、この病気は炭で完全に治すことができるようである。

広島県の日の丸産業の河尻義孝さんからは、安芸の宮島のマツに炭を使って、完全に赤くなったマツが、見事によみがえった写真が送られてきた。このクロマツは三景の一つ、天橋立から贈られたもので、二五年生ほどの若木である。明らかにマツ赤斑葉枯病にかかっていたらしく、処置をした二〇〇八年二月一六日付の写真には全体が赤くなった枯れそうなマツが写っていた。それが二〇〇八年九月四日には完全に緑になり、新芽から出た葉も加わって元気になっている。また、山で衰弱したアカマツでも炭施用の効果があったという手紙が添えてあった。

よく見ると、葉の量が倍以上になっているので、どうやら、根が再生して菌根が形成され、水分吸収がよくなり、葉に感染していた菌が追い出されたように思える。そんなことが本当にあるのかと思うが、これは多くの人が、実際に確かめた間違いのない事実である。

二〇〇九年に出された日本樹木医会島根県支部の佐藤仁志さんたちの編集による、もう一つのパンフレット『マツの樹勢回復』[8]には、菌根菌と炭の使い方や施工手順がわかりやすく書かれている。その中に治療に成功したいくつかの事例が載っていた。マツ褐斑葉枯病にかかった庭園木のクロマツの根元に炭を埋めて若い根を再生させ、死にそうになっていたマツが四カ月で青々と茂り出したもの。（写真1-2）ほとんど枯れかかっていた学校の大きなクロマツが一年で完全に回復した例。出雲大社の相生の松が炭を埋めてから一年後に見違えるほど元気になった例などである。それはまるで奇跡のようで、教えた方が信じられないほどの効果である。なぜ、炭がこれほど効くのだろう。その理由については、すでに述べたが[10]、それにしても不思議である。

マツ褐斑葉枯病は一九九六年に島根県で見つかったというが、一〇年もしないうちに、近畿、中国、北陸へと広がっている。私が住んでいる宇治市の団地の庭木にも数年前から発生し、軒並みクロマツが弱り始めた。どうやら赤斑葉枯病と褐斑葉枯病が同時進行しているらしい。

なぜ、新しい病気がこれほど流行りだしたのか。これも温暖化のせいだといってしまえばそれまでだが、詳しいことはわからない。しかし、炭を根元に埋め、菌根を作らせるだけで治るのだから、衰弱の原因は明らかに根にある。では、なぜ根が傷んでいるのか、土に原因があるとしか考えられない。この流行病の広がり方から見ても、衰弱枯死するマツの増え方から見ても、広域で土壌汚染が進んでいるように思えてならない。

徒長するクロマツ

ごく最近、あらためて気になりだしたことがいくつかある。その一つは、一九九七年に京丹後市の函石浜に植えたクロマツの異常な成長である。毎年、梢端や枝の新芽が一年に七〇～八〇センチも伸びている。一年間の伸びを表す枝と枝の間隔が、一メートル近くなるのも珍しくない。伐倒した木の切り株を見ると、どれも植えた翌年から年輪幅が五～一〇ミリにもなっている。材も、その昔台湾で見たアカマツのように、軟らかい。とにかく驚くほどの成長量だが、これは何もここに限った現象ではない。

写真1-3　徒長するクロマツ　京都府丹後半島

先に触れたように、陸前高田のマツでも落ち葉かきが行われていた間は年輪幅が狭く、落ち葉かきをしなくなったと思われる三〇年ほど前から急激に年輪幅が広くなっていた。出雲市の浜山や加賀海岸の枯れたマツの切り株や天橋立でも同じことが見られた。

初めのころは有機物がたまって土壌が富栄養化したので、成長が急激に良くなったものと思っていた。しかし、ここ一〇年ほどの年輪幅は、どこでも異様なほど広くなっている。なぜ、こうなるのだろう。

函石浜では、一九九七年にクロマツを植える前、黒い土や草の根が多い表土を厚さ二〇センチほど、完全になくなるまではぎ取った。その下の砂はやせていて、栄養もほとんどなかったはずである。ショウロの胞子を接種したので、菌根はできたが、それだけでこれほど成長がよくなるはずはない。炭も少量入れたが、根元だけだから、いつまでも効果が持続するわけでもない。クロマツだけでなく、トベラや草もよく茂り、除草が追い付かないほどである。

そこで今年、数か所で穴を掘り、根の状態を見ることにした。一二月半ばを過ぎていたので、若い根が少ないのは当然だが、深さ二〇センチまでにある細根は、どれも馬の尻尾の毛ほどの細さで、ほとんど黒くなって腐っていた。しかも、死んだ根の本数は多いのに、側根が出ず、長く伸びている。わずかにショウロの菌根を見つけたが、他の菌根はまったくなかった。樹皮ができた二年以上の根もあったが、いずれも紐のように徒長していた。おそらく、毎年根はよく出るが、一年限りで死んでいるようである。

同じような現象は、鳥取砂丘のマツや益田市、加賀海岸などの若いクロマツでも見られた。どこでも根は伸びているのに、細根が出ず、菌根がないのである。どうして、こうなるのだろう。

一九三七年にスウェーデンのハッチが行った有名な実験がある。[15] 彼は窒素肥料を与えると、マツの根がどのように反応するか見るために、ストローブマツの苗を使って実験した。養分量の違う土を選んで苗を植え、窒素肥料を与えてその影響を観察測定している。

報告に載っている写真を見ると、大量の窒素肥料を与えたものでは、根はよく伸びるが、細根がない。窒素肥料の量を減らすと、細根は出るが、菌根ができない。一方、土壌養分の少ない土壌では菌根のでき方がよかったと報告している。その後、この結果は多くの研究者たちによって確かめられた。

　窒素の形によっても異なるが、このことは窒素が多すぎると、主根が徒長して、側根が出ず、側根がないので、菌根もできないということを示している。適度に窒素があると、主根も側根も出るが、菌の助けが要らなくなるのか、菌根は形成されない。結論として菌根ができるためには、土壌養分、特に窒素の少ない方がよいということになる。

　一方、同時代のビョルクマンらの研究[16]で、窒素が少なく、光が強いと菌根ができやすくなること

写真1-4　１年に１センチ近く肥大成長したクロマツ。樹齢10年で枯死。京都府函石浜

写真1-5　紐のように徒長して、腐植層の中を這うアカマツの根。京都府大山崎

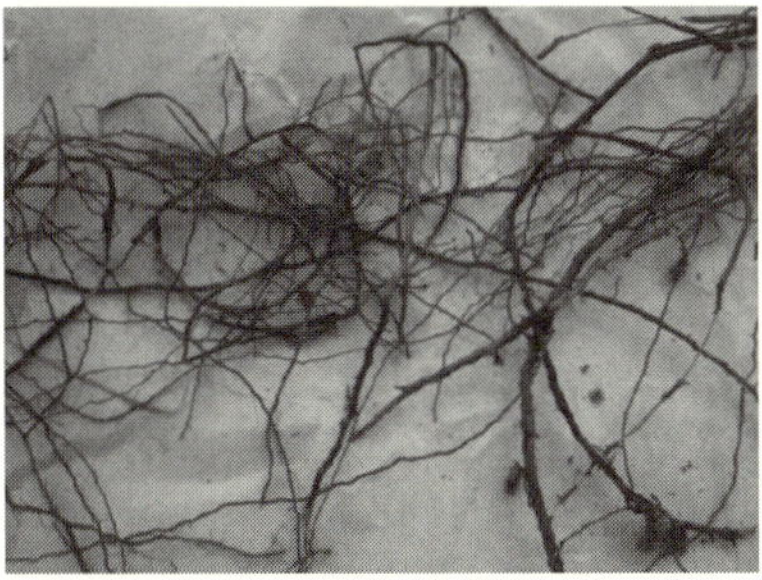

写真1-6　黒くなって死んでいる植林したクロマツの若い根。京都府函石浜

が示されている。私たちは七〇年以上も前にわかっていたことを忘れていたのか、無視していたのである。海岸の砂は、今まさに窒素過多になっているのではないだろうか。

そういえば、最近はがけ崩れの跡に生えたアカマツが、海岸のクロマツと同じように徒長している。京都府と大阪府の境にある天王山で、アカマツ林の手入れを手伝ったが、厚く積もった落ち葉の中に伸びた根は、まるで紐のようだった。長さ数メートルにもなる細い根がまったく枝分かれせず、つる性植物のように縦横に走っていた。これでは地上部が徒長するのも当然である。

公園や庭でも木々の枝が、一一月ごろまで伸び続けるので、ここ数年庭木の手入れを一二月まで遅らせているほどである。葉物の野菜を作っている人があまり肥料をやらなくても収穫できるようになったともいう。何かが狂い始めたようである。では、この窒素はどこから来るのか。おそらく、天から降ってくるのだろう。

マツ枯れの発祥地

流行病が発生したときは、その初発地点と発症に至る様子をよく調べなければならない。病気の発生を正しく捉えるためには、主因になる病原体を捉え、罹病する植物の特性、素因を知り、病気が発生した環境、誘因を把握する必要がある。特にその誘因を知るためには初動捜査が必須である。

では、マツ枯れはどこで、どのようにして始まったのだろう。マツ枯れの原因が「松くい虫」だといわれだしたのがいつのことなのか、少なくとも葉の色が急に赤くなって枯れる被害が出始めたのは、今から一〇〇年以上前のことである。その最初の記録は一九一三年発行の「山林公報」に出ている林業試験場の矢野宗幹さんの報告である。[4] 現代文になおすと、

「明治三八、九年ごろから長崎市内にあるマツのなかに、秋になると点々と枯死するものがあって、次第にその数と枯れる範囲が増えている。そのため長崎県庁と県の農事試験場で調査したところ、多数の害虫が樹皮の下に入って食害しているのを発見した。ただし、これらの害虫が枯死の原因といえるか否かについては、はっきり断定することができなかった。その後、一時被害が減ったように見えたが、近年また増加し始め、明治四四年には激害となった。特に長崎市の東にある茂木村では枯死が多く、前年の秋以降に枯死したものを一二月に伐採しただけでも千本以上に達したが、今年の秋に枯れたものはこれ以上になった」とある。また、その症状について、

「被害を受けているのはアカマツとクロマツで、樹齢二〇年生の若木から一五〇年生の老木にいたるまで、同じような症状で枯死する。枯れは九月下旬から一月に発生し、葉が萎れだすと、二〇日からひと月で急激に赤褐色に変わる。数本から一〇数本まとまって枯れるのが常で、前年枯れた木の付近に発生しやすい。また、場所による違いはほとんどないが、孤立した木や大木、木立の周辺の木などが枯れやすい」

と、実に正確に記述している。同じころ福岡県遠賀郡の海岸林でも被害が発生し、二里あまりにわたって海岸砂防林のクロマツが枯れたと報告している。害を被ったのは、どこでもアカマツとクロマツなど、二針葉のマツだけだった。

さらに矢野宗幹さんは枯れ木の処理についても触れ、原因は特定できないが、枯れ木を伐り倒し

樹皮をはいで、焼却することをすすめている。このときの発生場所は長崎県と福岡県に限られており、矢野さんたちの指示によって完全に処理されたためか、その後は老木が枯れる程度で、被害は一時収まったかに見えた。

ちなみに茂木村は長崎の西、低い峠を越えたところにあって、マツが枯れたのは海岸沿いらしく、遠賀郡の海岸でも集団枯れが見られたというから、当時のマツ林に落ち葉がたまっていたわけでもない。今にして思えば、その激害の様子から見て、外来の伝染病だったのは明らかだが、何か罹病しやすい誘因があったはずである。

明治三八年（一九〇五年）といえば、日露戦争が終わった年である。古い地図を見ると、長崎には当時造船所やドックがひしめいており、福岡から小倉にかけて軍需工場が多く、いずれも重要な工業地帯だった。これらの工場は炭鉱に近く、一〇年前の日清戦争以前から稼働しており、もちろん、当時の燃料は石炭だったので、その排煙の量は相当なものだったはずである。汚染物質の量が局地的に多かったとも考えられる。

一九二〇年代に入ると、さらに被害地が広がり、一九二五年には兵庫県の赤穂や相生など、瀬戸内の沿海工業地帯から、広島県の呉や岡山県へも拡大した。九州では軍港やパルプ工場があった長崎県の佐世保、佐賀県の伊万里、宮崎県の飫肥、熊本県の八代などを中心に広がったという。これらの被害発生地はいずれも重工業地帯で、排煙の量も多く、大気汚染説の根拠となった経緯がある。[4]

一九三五年から一九四五年にかけて、年間被害量は一〇万～五〇万立方メートルに達し、被害の範囲は西南日本から東へ、沿岸部から内陸へと広がった。一九四七年には、枯れたマツの量が全国で一年に八二万立方メートルを超えたが、[5]これは戦中、戦後に大量のアカマツが伐採され、それが各地に輸送されたためといわれた。

京都の近くで、大きなアカマツが枯れるのを目の当たりにしたのは、戦争が終わった子供のころだった。「松根油をとるために根を切ったり、樹脂をとるために幹に傷をつけたりしたので、やられたのかもしれない」と大人が話しているのを耳にした。その後学制改革があって、新制中学、今の中学校ができたが、その新築の校舎に穴の開いたマツ材がたくさん使われていたのを憶えている。

当時、アカマツやクロマツの丸太は鉱山や炭鉱の坑木、工事用の杭、建築用材などとして伐られ、紙の原料としても大量に消費されていた。港や工場の周辺には「松くい虫」の害を受けたものも含めて、大量の材木が集められ、山には切り株や枯れ枝が放置されたために、害虫が大発生することになったとされた。そのころ枯れていたのは、どちらかというと老木で、若い木が枯れるのは比較的稀だった。西南日本ではマツの枯れる範囲が平地から山岳地帯にかけて急速に広がり、海岸林や花崗岩山地、マツタケ産地など、土壌の悪い所を残して、被害地はほとんど全域に及んだ。

一九七〇年になって、国立林業試験場が行った研究によって、マツノマダラカミキリが運ぶマツノザイセンチュウがマツ枯れの主因であることが判明し、大気汚染説は影が薄くなった。そのうち、マツノザイセンチュウはアメリカ原産で、マツの材木について日本にやってきたとされた。いずれにしても、今ではこのマツ枯れは日本在来のものではなく、外来の伝染病とされている。[17]

外国への伝播経路を見ると、台湾へうつったときは基隆港の近くから被害が広がり、韓国へマツ枯れが入ったのも、釜山港周辺からだった。やはり貨物輸送に使われたマツ材の木箱が昆虫か線虫を運ぶ原因になったのかもしれない。今では中国大陸にも入ったといわれている。

数年前、兵庫県の環境創造協会による植林事業に参加してモンゴルを訪れた。その時ウランバートル周辺でカラマツが大量に枯れていたが、近くの天然記念物になっているマツの天然林にも枯れが入っているというので、立ち寄ってみた。

樹齢数百年を超える見事なモンゴリマツとシベリアアカマツの森林に点々と枯れが入っていた。ここはウランバートルに近い観光地で、冬には大気汚染の影響も強いという。また、保養地になっており、政府の要人が別荘を作って住んでいる。現地の人によると、彼らが韓国から電化製品を輸入しているので、その木箱についてマツノマダラカミキリが来たのではないかという話だった。真偽のほどはわからないが、枯れ方は日本のマツ枯れそっくりだった。

マツ枯れの発生地をさかのぼって考えてみると、大気汚染か、土壌汚染によってマツが衰弱し、マツノマダラカミキリに加害されるようになり、そこへ外来のマツノザイセンチュウが宿主を見つけて繁殖し、感受性の高い二針葉のマツを枯らすことになったといえなくもない。

マツ枯れの場合は、マツノマダラカミキリとマツノザイセンチュウが主因であることは突き止められたが、誘因や素因には不明な点が多い。ここでも誘因を汚染から始まった菌根の消失や根の枯死としてみたが、実証されたわけではない。枯れるのは二針葉のマツとされており、抵抗性マツの選抜育種も行われているが、遺伝的解析は研究途上である。もっとも、これらの因果関係が明らかになったころには、マツがなくなっていたという話にもなりかねない。

マツノザイセンチュウ病

よく知られていることだが、参考のために、ここで簡単にマツノザイセンチュウ病について触れておく。専門的なことについては、『新編樹病学概論』[18]や『松が枯れてゆく』[4]などを参照されたい。

マツ枯れの病原体である線虫は線虫門のアヘレンキダ科に属する植物寄生性の線虫である。日本で発見されたものはブルサフェレンクス属の新種、ブルサフェレンクス　リグニコラス、和名をマツノザイセンチュウという。しかし、アメリカでマツ材につくものが一九三四年に記載されており、それと同一種であることが判明したため、元の名ブルサフェレンクス　キシロフィラスとなり、日本でつけられた名は同一種の異名とされた。

この仲間は世界で二〇種ほど知られており、同じ種はアメリカや中国にも分布している。ただし、いずれもさほど強い病原性がなく、大被害を出した例もない。同じ属のニセマツノザイセンチュウも植物寄生性だが、高地や寒冷な地方に分布し、病原性は弱いとされている。いずれもマツノマダラカミキリによって媒介される。マツノザイセンチュウは日本産二針葉のマツ類、アカマツ、クロマツ、リュウキュウマツなどに強い寄生性を持っている。なお、その後この病気にはマツノザイセンチュウ病という病名が与えられた。

マツノザイセンチュウ病にかかったマツの材の中で羽化したマツノマダラカミキリは、その体内に通常一万頭から二万頭の線虫を持っている。この線虫を持ったカミキリが六月ごろ羽化して、生きているマツの若い枝や幹の樹皮をかじりながら、約一カ月間マツ林内で生活する。マツノマダラカミキリはマツの新梢や若い枝の樹皮を食べなければ、成熟できないとされている。

マツノザイセンチュウはカミキリがかじった跡から侵入するが、それはマツの傷口から分泌されるモノテルペン類、β‐ミルセンに線虫が誘引されるためである。侵入後、線虫はすぐ脱皮して成虫になり、材のなかで急激に増殖する。この時期に萎れた若い枝を輪切りにして水につけ、実体顕微鏡で見ると、いろんな成長過程の線虫がうじゃうじゃと出てくる。

線虫が感染すると、一〜三週間でマツの樹脂の滲出がとまり、水の吸収力や蒸散量が低下し、呼吸量が増加するなど、生理的異常が起こるとされている。ただし、感染前の状態、特に自然状態でそれらのマツの生理に異常があったのかどうかについてはよくわかっていない。この反応は極めて早く、乾燥のきつい年には一カ月もしないうちに完全に枯死する。

線虫が侵入した組織では樹脂道の柔細胞が破壊され、変性がおこり、有毒物質が生産されるといわれたが、枯死を引き起こす直接原因については、まだわからない点がある。

線虫によって衰弱し、樹脂が出なくなったマツに産みつけられたカミキリの卵は容易に孵化する。樹皮の下で孵化した幼虫は樹皮を食べながら、脱皮をくりかえし、冬になると材のなかに孔を穿って越冬する。カミキリは四月ごろ蛹室を作るが、そのころに線虫が蛹室に集まり、耐久型幼虫になる。カミキリが蛹になると、その体にとりつき、羽化するまえに気門を通って体内に入り込む。このようにして枯れた材木から飛び出したマツノマダラカミキリが次々と生きているマツにマツノザイセンチュウを運んでいくというわけである。

ただし、マツが樹脂を十分分泌するほど健全であれば、カミキリが幹や枝に産卵しても卵は孵化できない。というのは、マツの樹脂が卵を押し出したり、取り囲んで死なせたりするからだという。要するに、マツが健全であれば、マツノマダラカミキリもさほど繁殖せず、線虫もこれほどには広がらなかったということである。

第二章　衰退するスギ

「須佐大杉」長寿の秘訣

二〇〇八年四月一一日の午後、出雲空港から出雲市に向かう途中、槙野さんに頼んで須佐神社へ連れていってもらった。境内にある案内板には、須佐神社は天照大神の弟のスサノオの命が「この国は小さけれど、よき国なり。わが名を岩や木にはつけず、土地につける」と言って終焉の地に選んだところと書かれていた。祭神はスサノオの命とその連れ合いのクシナダヒメ、姫の両親のテナヅチ、アシナヅチの四体である。細い谷間の清流に沿って建てられた社殿は大きく、スギの年齢からみてもお宮ができたのは相当古く、由緒のある神社である。

社殿の後ろには推定樹齢一二〇〇年のスギ、「須佐大杉」がそびえているが、最近葉枯れや枝枯れが目立ち、幹にもカイメンタケなど、腐朽菌の発生が見られるようになった。そのため、神社の

写真2-1　推定樹齢1200年の須佐大杉。立っているのは槙野浩二郎さん。島根県須佐神社

依頼で二〇〇六年九月中旬に、樹木医の柿田義文さんと槙野さんが調査し、翌年の三月、スギの根元に炭を埋めて樹勢回復を試みることになった。

社殿に接して生えているスギは島根県でも珍しい老木、いわゆる巨樹である。しかし、幹が空洞になっているので、正確な樹齢は読み取れない。その昔雷に打たれて低くなっているが、槙野さんたちの報告書[1]によると、樹高は二一メートル、枝張り一八メートル、幹周五・八五メートルである。太い根が広がっている範囲は直径九メートルにもなるが、長年参拝者が踏みつけたために表層の土は踏圧で固くなり、地表近くに細根は少なく、腐った根が多くなっていたという。

この日は雨模様で、おまけに暗くなってきたので、写真も撮らず、炭の中に若い根が増えているのを確認しただけで引き返した。しかし、帰ってからよく考えてみると、根の再生能力には樹木の寿命や生死にかかわる大切な問題が隠されているような気がしてきた。そこで、隠岐での調査日が決まったのを幸い、もう一度見せてもらうことにした。

二〇〇八年六月二二日、腐朽菌の専門家、林康夫さんと出雲空港で落ち合って、槙野さんの車でまた須佐神社へ出かけた。ここで島根県緑化センターの佐藤仁志さんと出会って、一緒にスギの状態を調べた。幸い雨も上がって地上部や根の写真も撮れ、元気になった「須佐大杉」の根のサンプルをもらうことができた。

柿田さんと槙野さんたちが行った根の再生処理は次のとおりで

ある。春に「須佐大杉」の根元の土を、深さ二〇センチほどきれいにはぎとり、根を露出させた。そこへ出雲土建製の炭、「炭八」を二〇センチの厚さに敷きつめ、緑化樹用の肥料を散布したのち、スギのチップで表面を覆っておいた。さらに周辺に大きめの穴を掘ってこれにも炭を埋め、踏圧を避けるためにプラスチック製のシートを敷きつめた。書けば簡単だが、かなり大変な作業である。なお、ここで使われた炭の原料は針葉樹のもので、揺動炉で炭化されており、幅一センチ以下、長さ二センチ以下のかけら状のものである。

根が動き始めたのはかなり早く、夏には増えだしたが、地上部に効果が表れたのは一年近くたってからで、新しい芽が出るころから次第に葉の色が変わり始めたという。最初に訪れた四月でも、近くにある樹齢一〇〇年ほどのスギに比べて、樹冠の色が鮮やかになっていたが、二度目に訪れたときはその違いが、さらにはっきりと現れていた。

「須佐大杉」の根元に埋めた炭と、境内の若いスギの根元の土壌を一五センチ角、深さ五センチに掘り取って持ち帰り、その中に入っていた根の量を量ってみた。炭の中の根量は若いスギのものに比べて四倍ほど多くなっており、若くて白い根も格段に増えていた。埋めた炭に根が絡んで塊のようになり、手で振ったぐらいでは離れないほど密着していた。

細根が赤い色をしており、短い棍棒状の根が多かったので、A菌根（アーバスキュラー菌根）も増えているはずだと思って、栗栖敏浩さんに調べてもらった。その結果、炭によって根が増えるだけでなく、A菌根菌の感染率も上がることが明らかになった。A菌根が炭で増えることはダイズの実験でわかっていたが、樹木で確かめたことがなかったので、これは新しい発見である。

しかも、驚いたことに樹齢一二〇〇年の幹から直接大量に若い根が成長し始めていた。幹の心材は腐朽菌にやられて完全に腐っているが、形成層は健在で、根を出す力を十分備えている。こんな高齢にもかかわらず、処置した年に根が再生し、新しい根の表皮も褐色に変わり、根の肥大成長が始まっている。おそらく、この再生は一時的なものではなく、これからも細根を出し続けるのだろうと思うと、その生命力の強さに畏怖さえ覚えた。

四〇年ほど前、杉浦銀治さんたちが埼玉県の試験地で若いスギの根元に炭を埋めているのを見せてもらったことがある。確かに炭の中に若い根は出ていたが、これほどではなかった。今にして思えば、活性炭に近い微粉炭が使われていたので、空気の多いところを好むスギの根には不向きだったのだろう。

写真2-2　埋めた炭の層の中で増えたスギの根。枝分かれした細根が多い

スギの適地は谷筋といわれているが、これは必ずしも土壌が肥沃だからというのではない。多年生の樹木の場合は、草本植物と違って、短期間で変化する土壌養分に成長が左右される割合が低い。樹木の成長は栄養状態よりも、むしろ土壌の物理的構造、もしくは岩石や土壌の堆積状態によって大きく変わり、空気と水の多いところでよく成長するというのが原則である。スギの根系は一般に浅く、岩や石礫が堆積したところ、いわゆる崩積土のところが適地である。

スギの細根は柔らかくて枝別れの頻度も高く、多雨地帯に育つ屋久島の縄文杉のように、おそらく水に対する要求が強いのだろう。渓流沿いに育ったスギが、幹から直接太い不定根を水の中に出しているのをよく見かける。また、水の中では細根の量が多く、野外ではA菌根の形成頻度が低かったことから共生微生物に頼る率も低く、水に溶けた栄養を吸収する能力が高いと思われる。空気や水の豊かな環境を好む性質のせいで、目の粗い炭によく反応するのだろう。

弱り始めた隠岐のスギ

以前から隠岐には巨樹が多いと聞いていたので、一度行ってみたいと思っていた。念願かなって行くことになったが、訪問者は総勢七名。隠岐支庁や地元の方々のお世話になって、現地検討会や講演会、研修会と二日にわたって行事が続き、二時間かかるフェリーの上以外、のんびりする暇もない忙しい旅だった。

早朝出雲市を出て境港からフェリーに乗ると、昼過ぎには道後に着く。昼食後すぐ港に近い玉若《たまわか》酢命《すみこと》神社へ向かう。道路に面した参道に立つと、門の内側に圧倒されるほど巨大なスギが見えた。一九二九年に島根県第一号の国指定天然記念物になった「八百杉」である。

柿田さんと槇野さんの資料[2]によると、推定樹齢一〇〇〇年、根元の周囲二〇メートル、幹周り九・九メートル、樹高三〇メートルとなっている。枝張りは三〇メートルほどで、おそらく根はその倍以上伸びているはずである。心材がほとんど腐って幹は空洞になっている。

伝説によると、昔大蛇が住んでいたが、スギに取り込まれてしまい、今でもそのいびきが聞こえるそうである。確かに地面を這う根は、まるで大蛇のようだった。幹の先端が朽ちて樹高は低くなっているが、以前は遠くからでも見えるほどの大木だったらしい。

最近になって木の先端部分に枝枯れが目立ち、葉の色も悪く、部分的に褐変した葉が増えだしたので、地元で何とかしてほしいという声が上がってきた。隠岐の象徴のような大切な木なので、県も捨てておけず、島根県樹木医会の出番になった。見たところ、すぐ枯れることはないと思うが、球果も増えて明らかに衰弱し始めていた。上の枝に比べて、下枝は葉の色もよく元気そうだが、この弱り方は須佐神社のスギの場合に似ていた。

参拝客が多いせいか、根元まで土が踏み固められていて、シャベルが入らないほど硬く、地表近くの根には黒く腐ったものが多かった。元気であれば、根元から直接若い根が出ているはずだと思って、幹の地際を掘ってみたが、それがない。過去に溝を切ったり、客土したりと工事を重ねたらしく、それも根を傷める原因になったのだろう。ただし、太い支持根から樹皮のついた細い不定根が出ていたので、まだ今なら間に合うかもしれないと思ったが、どうも気になる。

そこで社殿の裏へ回ってみると、表土が柔らかいところに生えている樹齢数百年のスギもやはり弱っている。境内には枯れたクロマツの大きな切り株があって、シイやクスなどの広葉樹も意外に元気がない。少し離れた町の周辺に生えているスギを、あらためて見ると、これも先がとがらず、頭が丸くなっていた。

隠岐は島と思ったら大間違い。道後は中へ入ると山ばかりで、スギの人工林も多い。標高六〇八メートルの大満寺山から鷲ヶ峰や葛尾山にかけて、三〇〇年を超えるスギの天然林があるという。残念ながら、今回は時間の都合で道路沿いにある樹齢六〇〇年の「かぶら杉」だけを見ることにした。ちょうど京都の北山の台杉を大きくしたような樹形で、高さ二メートルほどのところから六本の太い幹が、まるで燭台のように立ちあがっている。案内書によると、「かぶら杉」というのは、そのかたちが昔使われたかぶら矢に似ているところからつけられた名だという。山の中にあるこのスギも周辺の人工林のスギはきれいに育っているが、町の近くや海沿いでは衰弱が目立つ。

隠岐の島もご多分にもれず一〇年ほど前からマツ枯れが激しくなり、被害地が増えている。山地のアカマツや海岸沿いのクロマツの林内には草や灌木が茂り、マツが異常なほど成長している。中村小学校の校庭には江戸時代に植えられたクロマツの大木が残っており、海岸にも大きなクロマツが育っているが、どれを見ても衰弱気味で、菌根が見られないのは、本土と同じだった。どうやらスギの衰退とマツの枯れが、同時進行しているように見えた。

次の日、島根県隠岐支庁で伊藤武さんや佐藤仁志さん、林康夫さん、平佐隆文さんなどと一緒に集会に参加し、地元の人たちを対象にマツ林を守る方法について講演した。午後には干拓をするため江戸時代に造成したという屋那の松原を見に行った。樹齢二〇〇年を超えるマツ林は遠くから見ると立派だが、枯れが進行しており、木の勢いも衰えている。地元の人たちが手入れをして林床はかなりきれいになっていたが、菌根は少なく、若い根も見られない。そこで地元の人と一緒に穴を掘って炭を埋め、菌の胞子を撒く実験をしてみた。うまくいけば幸いだが、土が固く、周辺でマツ枯れが進んでいるので心配である。

このほか、昔からイネの豊凶を占ったという「世間桜」を見たり、樹齢数百年のヤブツバキを見たりして二日間の調査を終えた。ここもご多分にもれず、過疎化が進んでおり、耕作放棄地や荒れた雑木林、タケ藪などが目につく。しかし、故郷の山や海岸を守ろうとする地元の人たちの熱意は強く、大勢の方々が集会や作業に参加してくださった。

それにしても、本土に比べて環境が格段に良好と思われる隠岐で、スギの樹勢が衰え、海岸でも山でもマツの枯れが広がっているのはどうしてだろう。電力中央研究所の報告[3]によると、一九九〇年代から出雲や隠岐は、韓国や中国から飛んで来る汚染物質を夏冬とも、まともに受けているという。

日本海側で衰弱するスギ

三年前「白砂青松再生の会」の活動を始めてから、日本海沿岸を見て歩くことが多くなった。そこであらためて気になりだしたのが、スギやヒノキの衰弱と枯死である。もっとも、スギの場合は樹齢によって枝や梢端の様子が変化するので、一定の樹齢に達したものを基準にして判断する必要がある。そのため通常は四〇～五〇年生以上のものを対象にして観察することにしている。

よく訪れる島根県の場合を見ると、まだ集団枯死した例はないが、海岸沿いや高速道路沿いのスギが衰弱して頭が丸くなり、梢端が枯れているのが目につくようになった。ところによっては三〇年未満の若い木でも、葉の量が減って頭が丸くなっている。こんな場所では広葉樹にも枝枯れが出ているのが普通である。一方、海から離れた三瓶山の麓や熊野大社のある谷間などでは健全で、先のとがったスギが多い。

二〇〇八年七月一八日に姫路から智頭急行線に乗って鳥取へ抜けた。岡山県と鳥取県の境に近い大原で先端の枯れたスギが見られ、マダケも枯れていた。林業で有名な智頭周辺にはスギやヒノキの若い人工林が多く、枯れているものはほとんど見られない。ただし、ここでも間伐の遅れたスギ林が見られ、ヒノキには枯れたものが出ていた。

一方、鳥取県の海沿いからはクロマツがほとんど姿を消し、ニセアカシアも枯れて、海岸線がむき出しになっている。平地ではスギが衰弱して、頭が丸くなり、枝が見えるものが多くなっていた。大山でも、ヒノキやスギの中に枯れたものが出ていた。

大山からの帰り、伯備線に乗って列車からスギ林を見ると、一見きれいだが、ところどころ赤くなって枯れたスギが見えた。ヒノキも小集団で枯れているところがあった。また、丹後半島へ行くたびに乗る嵯峨野線の沿線でも、茶色くなったスギを見かけることが多くなった。少なくとも西日本、特に山陰の沿岸地帯では、最近間違いなくスギの衰弱が進行している。九州の北部でも同じように衰弱したスギが増えている。

福井県や石川県の海岸沿いでも同じ現象が目につく。湖西線に乗ると、比叡山から比良山にかけて東斜面で今ナラ枯れが進行中だが、敦賀に近づくにつれてスギの頭が丸くなり、枝の枯れたものが見え始める。やはり、ここでも海岸沿いに衰弱が始まっている。

三〇年ほど前、福井市周辺のスギが枯れだしたというので、調査に出かけたことがある。そのときは水田の中にある農家の屋敷林のスギが東京の場合と同じように、梢の先から枯れて枯死する現象が見られた[4]。そのころ三国の海岸地帯に工業団地ができて、そこから出る汚染物質が原因ではないかともいわれたが、うやむやのうちに終わってしまった。水田に使う除草剤などの農薬のせいではともいわれたが、これもはっきりしなかった。最近ここを通りかかると、以前の屋敷林はすっかりなくなり、山にかかるところでも、スギが衰弱している。最近よく出かける、お隣の加賀市でも平地や海岸沿いのスギが衰退している。

日本海側の海岸線に限られるのかと思っていたら、関東や東海、九州、四国などでも同じような傾向が見られるので、どうやら全国的な現象らしい。マツのように枯死するところまではいかないが、三〇年前に比べても樹勢が衰えていることは確かである。道路沿いや市街地、海岸線に近いところでは、スギの衰弱程度がちょうど三〇年前の東京都郊外の状態に近づいている。

このようなスギの衰退現象は、今に始まったことではなく、すでに一九六〇年代から東京などの大都市で観察されていた。少し古い話になるが、これも一種の初動捜査になるので、樹木衰退が目に見えだしたころの様子を振り返ってみよう。

関東平野におけるスギの衰退

東京の目黒にあった農林省林業試験場土壌微生物研究室の山家義人さんは植物の扱いが上手で、写真撮影も得意、自分で現像するほどの凝り性だった。本来の仕事は、樹木の根に共生する放線菌、フランキアの分離培養や接種などだったが、撮影の腕を買われて一九六五年から始まった科学技術庁の「大気汚染防止に関する総合研究」（一九六八年からは農林省の調査研究）に加わることになった。彼は林業試験場が受け持った樹木調査チームに属して都内一三カ所の公園緑地にある木の変化を追いかけ、ほぼ一〇年間写真を撮り続けた。試験場に入ったばかりの私は好奇心も手伝って、山家さんの相談に乗り、手伝いをすることになった。

林業試験場研究報告第二五七号、研究資料[5]に出ている通り、彼は対象とする樹木を決めて、同じ位置から正確に撮影している。公園緑地にある樹木は常に手入れされているので、枯れた枝や幹が常に切り落とされ、完全に枯死したものは伐採されてしまう。そのため、過去にさかのぼって、ある程度樹木の状態を知っていなければ、記録できない。彼が東京生まれの東京育ちで、地理に詳しく、どこにどんな木があって、いつから弱り始めたのかよく知っていたからこそ、できた仕事だった。

当時撮影した樹種は、都内に比較的多いケヤキ、ムクノキ、エノキ、シラカシなどのカシ類、シイノキ、スギ、アカマツ、ヒマラヤシーダー、モミなどだった。上記の報告書によると、ケヤキは三月に葉が展開し、一一月下旬までついているのが普通だが、衰弱が激しい場合は五月下旬から六月にかけて落葉する。その後再び芽を出しても、葉が小さくて薄く、これも八月には落ちてしまい、ひどい場合は年に三度落葉したものもあった。このような状態が続くと、樹体の衰弱が進行し、梢の先から枯れ（梢端枯れ）、太い枝からシュート（萌芽枝）を出し、やがて全体が枯死するという。

東京オリンピックを機に道路が整備されて交通量が増え、川崎や湾岸地域の工場からの排煙も多くなり、当時の大気環境は今の中国の工業地帯のようだった。そんな中で他の広葉樹も一様に衰弱して枝先が枯れていたので、原因は明らかに大気汚染だということになった。

資料に掲載された写真を見ると、かなりの速さで木が衰弱し、枯れてゆくのが手に取るようにわかる。当時、樹木がこんな枯れ方をするほど汚れた空気の中で、われわれ人間は暮らしていたのだから、強いというか、恐ろしいというか、ひどいものである。

ケヤキは関東平野一帯に多く、都心部にも残っていたが、個体差が大きく、枯れやすいものから、平気なものまでさまざまだった。さらに、弱ると萌芽再生するので、衰弱の程度が判別しづらく、大気汚染の影響を示す指標としては扱いにくかった。そこで、スギを指標として調査することとした。

そのころ、すでにスギは都心からほとんど姿を消し、明治神宮の中に貧弱な木立が残っている程度だった。都心から西に向かうと、杉並区の大宮八幡から井の頭公園、深大寺、府中にかけて、次第にスギの大木が衰弱枯死するのが見られた。スギは梢の先から枯れて頭の丸い樹形になり、枝先だけに葉が残り、徐々に枝葉が減って枯死するので、衰退程度が判定しやすいと、山家さんは書いている。

アカマツやクロマツは今でも皇居などに残っているように、庭園樹としてよく管理されている場合は生き残れるが、当時すでに本数は極めて少なくなっていた。明治神宮や白金の自然教育園などのアカマツは松くい虫によるのではなく、枝枯れしたものが多く、衰弱によって徐々に枯死したと記録している。

このほか、林業試験場の構内にあったツガやモミも衰弱して早々と枯れ、当時高尾山に多かったモミも次第に枯死していった。ヒマラヤシーダーも衰弱し、枯死するものも見られたが、その様子はスギよりも急激だったという。

また、この調査から東京都が一九六五年から一九六八年にかけて測定した亜硫酸ガスの汚染推定地域と樹木の衰退地域がほぼ一致していることがわかった。さらに、樹種や樹齢によって汚染に対する感受性が異なり、地形によっても症状に差のあることが明らかになった。これ以後、樹種を特定すれば、樹木が大気汚染など、環境の異変を示す指標として十分役立つことが知られるようになった。

写真撮影による調査を終えて二人で話しているうち、本当に衰退の範囲が広がっているかどうか、確かめてみようということになった。それにはまず、指標に選んだスギとケヤキについて、枯れてゆく段階を描いてみる必要がある。すでに撮った写真と近くに育っている木を参考にして、図2-1のように、樹形に表れる変化を五段階に分けることにした。樹形に絞った理由は、広域調査の場合、対象物に近づくことができないことが多く、細かな変化では判定しにくいからである。なお、この判定基準は林業試験場報告第三〇一号（一九七八）[4]に掲載されている。若いスギは勢いよく生長するので、どれも先端がとがっていてスペード形をしている。そのため、樹齢四〇年以上で、ほぼ上長成長が止まったと思われるものだけを調査対象とした。

段階5とした健全なスギでは先端がとがって葉の量も多く、枝がほとんど見えない。これが衰弱し始めると、先ず先端の新芽の本数が減って一本だけになり、それが枯れると、次第に頭が丸くなり、モクモクとした形の段階4になる。次いで枝の基部に近いところから葉が枯れると、枝が見えるようになり、段階3になる。さらに、梢端の葉が枯れて新芽も減り、葉が少なくなって枝の間がすけて、よく見える段階2になる。段階1になると、枯れ枝がさらに増えて葉の量も減り、幹の上

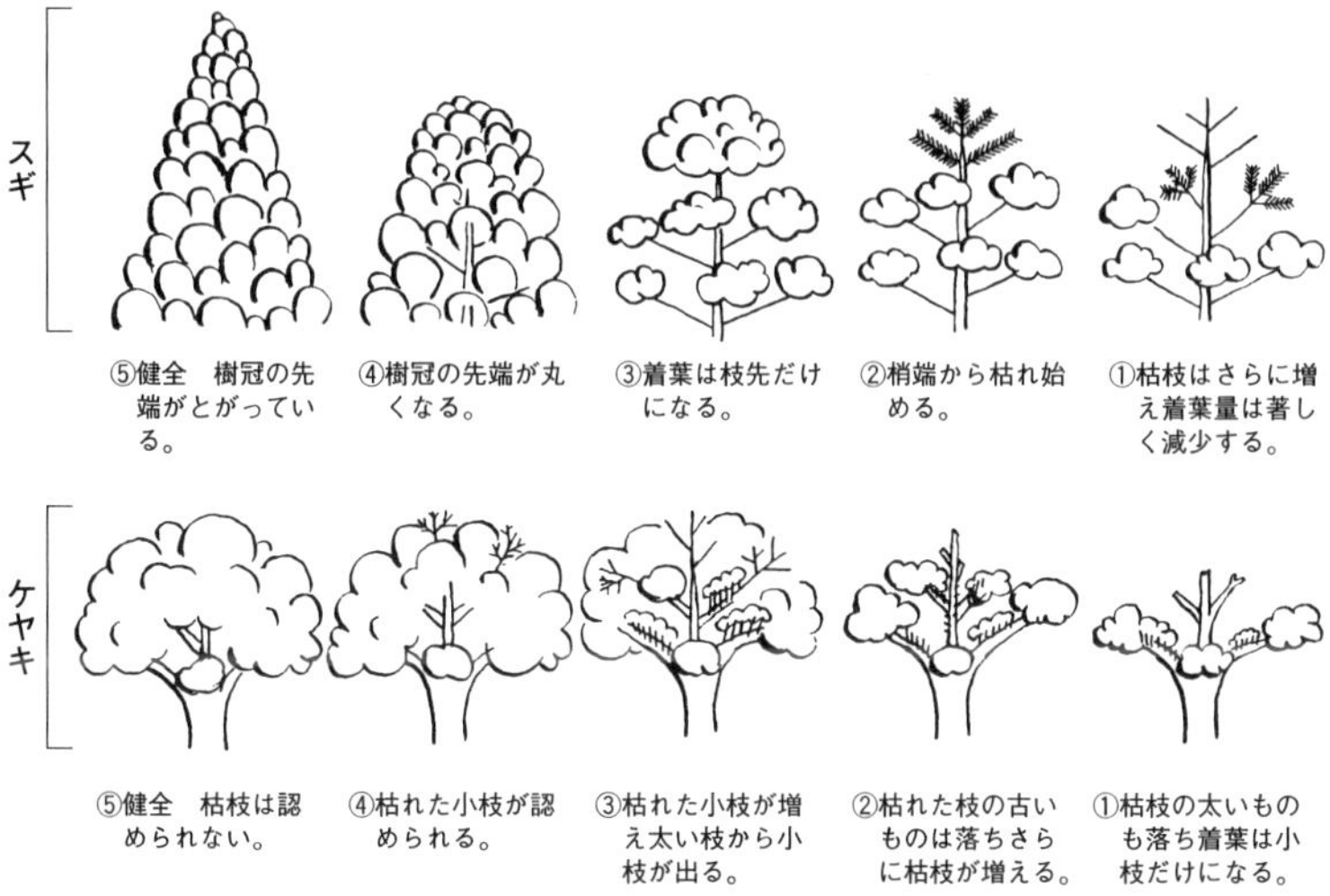
スギ
⑤健全　樹冠の先端がとがっている。
④樹冠の先端が丸くなる。
③着葉は枝先だけになる。
②梢端から枯れ始める。
①枯枝はさらに増え着葉量は著しく減少する。
ケヤキ
⑤健全　枯枝は認められない。
④枯れた小枝が認められる。
③枯れた小枝が増え太い枝から小枝が出る。
②枯れた枝の古いものは落ちさらに枯枝が増える。
①枯枝の太いものも落ち着葉は小枝だけになる。

図2-1　スギとケヤキが衰退枯死する過程。健全な状態から枯死に至るまでの衰弱の様子を、⑤〜①の５段階に分けて示した（山家義人　1974）

部が枯死する。このような状態に至ると、全体が枯死しやすい。

さて、いよいよ野外調査にとりかかったが、ケヤキの状態も知りたいので、葉が茂る七月、暑い最中に走り回ることになった。ようやく林業試験場に調査用のバンが入ったところで、エアコンなどはついていない。目黒から出て、放射状に郊外へ向けて一〇〇キロ車を走らせるが、汗ぐっしょりで、お尻に汗疹ができるほどだった。

運転は山家さん、私が助手席で道路マップに枯れ段階の数字を書き込んでいく。気になる場所では車を止めて、双眼鏡で枯れ方を確認するので、時間がかかる。初めのころはケヤキも対象にしたが、判定に迷うことが多いので、スギに限ることにした。

1から5の点数を毎日地図に書き込み、作り上げたのが、一九七四年の状態を地図に描いた図2-2である。二三区内の汚染がひどい地域には健全なスギは見られず、都心から離れるにつれて健全になっていた。しかし、関東平野全体がほぼ段階4以下だったので、当時すでに広域汚染といえる状態に達していたといえる。この判定基準とスギの衰退マップはその後多くの人に利用され、環境汚染の研究に役立った[6]。

森林総合研究所研究成果選集に載っている丸山温さんらの一九八八年の調査結果[7]を見ると、一五年後でも汚染地域の広がり方は、当時とほとんど変わらないようである。ただし、段階3以下の重度とされる地域は北西と南西方向へ広がっており、局地的には市街化に伴って悪化している。また、航空写真で見ると、一九七〇年代以降スギは急速に衰退しており、年輪解析によると一九六〇年代にはすでに幹の肥大成長が衰えていたともいう。明らかにスギの衰退は大都市から始まり、かなり古くから深刻な状態になっていたのである。

一九九一年にまとめられたスギの衰退と汚染物質に関する、電力中央研究所の梨本真さんの報告[8]を見ると、関東平野の状況はさほど変化していないが、スギの衰退地域は瀬戸内海沿岸や中部地方、越後平野などにも広がっている。一方、島根県や宮城県、宮崎県などの大気汚染の程度が弱いところでは、まだ衰弱の程度も軽かったようである。それからさらに一五年たって、スギの衰退は全国規模へと拡大した。首都圏では環境対策のせいか、被害地域の拡大がある程度抑えられたかに見えるが、他の多くの地域は四〇年前の東京都周辺の状態に近づいているのである。

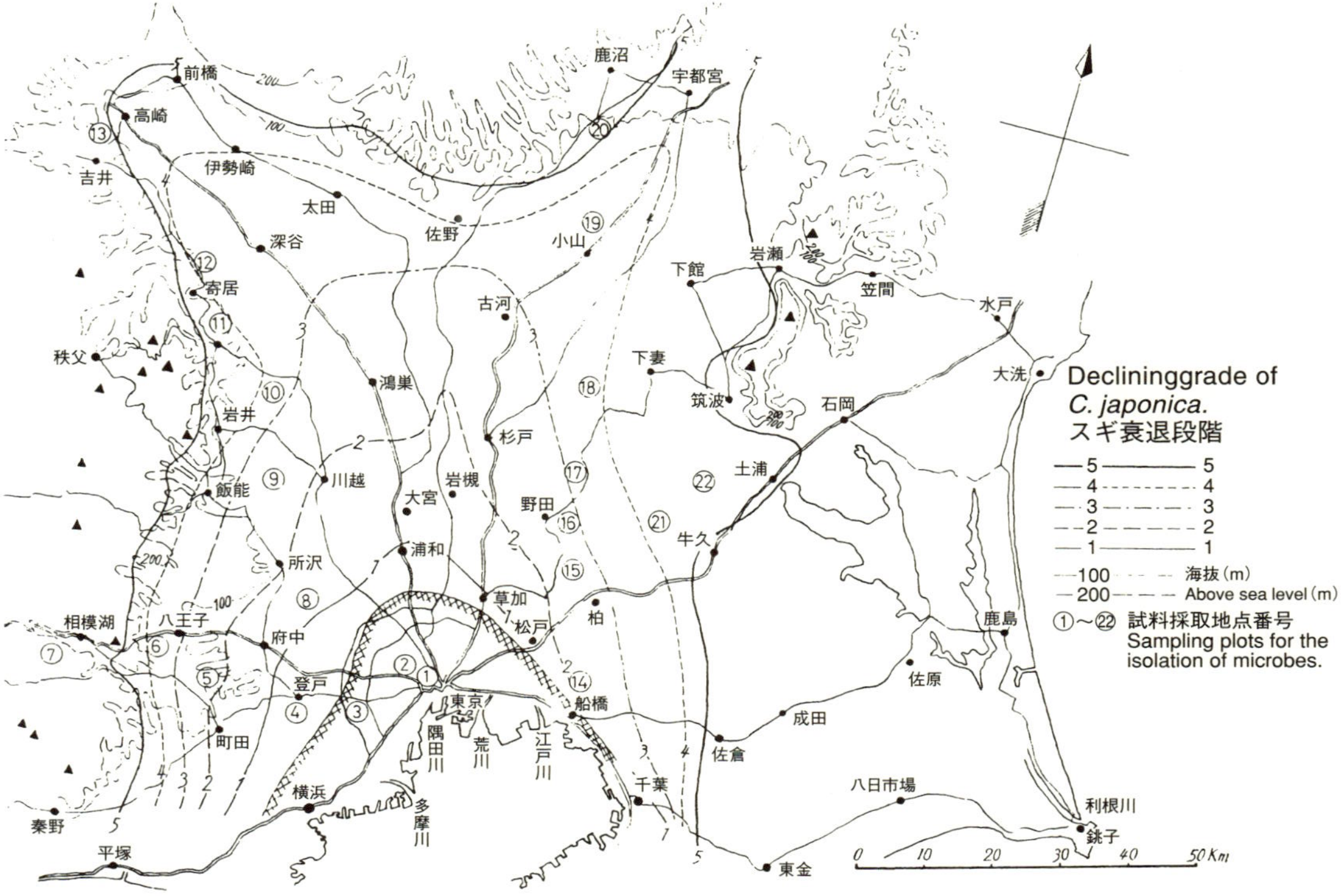

図2-2　首都圏におけるスギの衰退状況を等高線状に表した地図。1～5はスギの衰弱段階、①～㉒は微生物分離用のサンプル採取地点（山家義人、1974）

土壌汚染と微生物

当時、山家さんが撮った写真や構内の枯れかかった木を、二人で何度も観察しているうちに、「本当に大気汚染だけで枯れるかなあ」と思うようになった。公式には大気汚染が原因とされたが、この枯れ方の中には、マツやモミ、シイ、カシのように根の衰弱から来る梢端枯れと思われるものが交じっていたからである。

そのころ、東京菌類談話会会員の知り合いに明治神宮のキノコの採集リストを見せてもらったことがある。それによると、ハラタケ属やカラカサタケ属、ヒトヨタケ属などの腐生菌が多く、菌根菌のベニタケ属やイグチの類がほとんど見られなかった。これらの腐生菌は、いずれもよく腐った落ち葉や堆肥に出る、本来窒素好きのキノコである。

おそらく、都会では大気汚染だけでなく、土壌汚染が進んで菌根菌が消えたのだろうと思って、土壌微生物相の変化を調査することにした。その調査結果は山家さんの報告に詳しい[4]。

都内には芝をはった公園が多く、郊外にはゴルフ場があるので、芝地の表層土壌の微生物相を調べてみた。皇居から高崎方向と相模湖方向に狙いを定めて、地図上に一〇〇キロの線を引き、それに沿って六カ所から八カ所の地点で芝地の表層土壌をランダムサンプリングし、培地の種類を変えて平板希釈法で微生物を分離した。

土壌の検体数は多かったが、細菌と放線菌には一定の傾向が見られなかった。ただ、カビについては両方向とも都心付近で少なく、二〇キロ地点から次第に増え、五〇～六〇キロ地点で再び減少

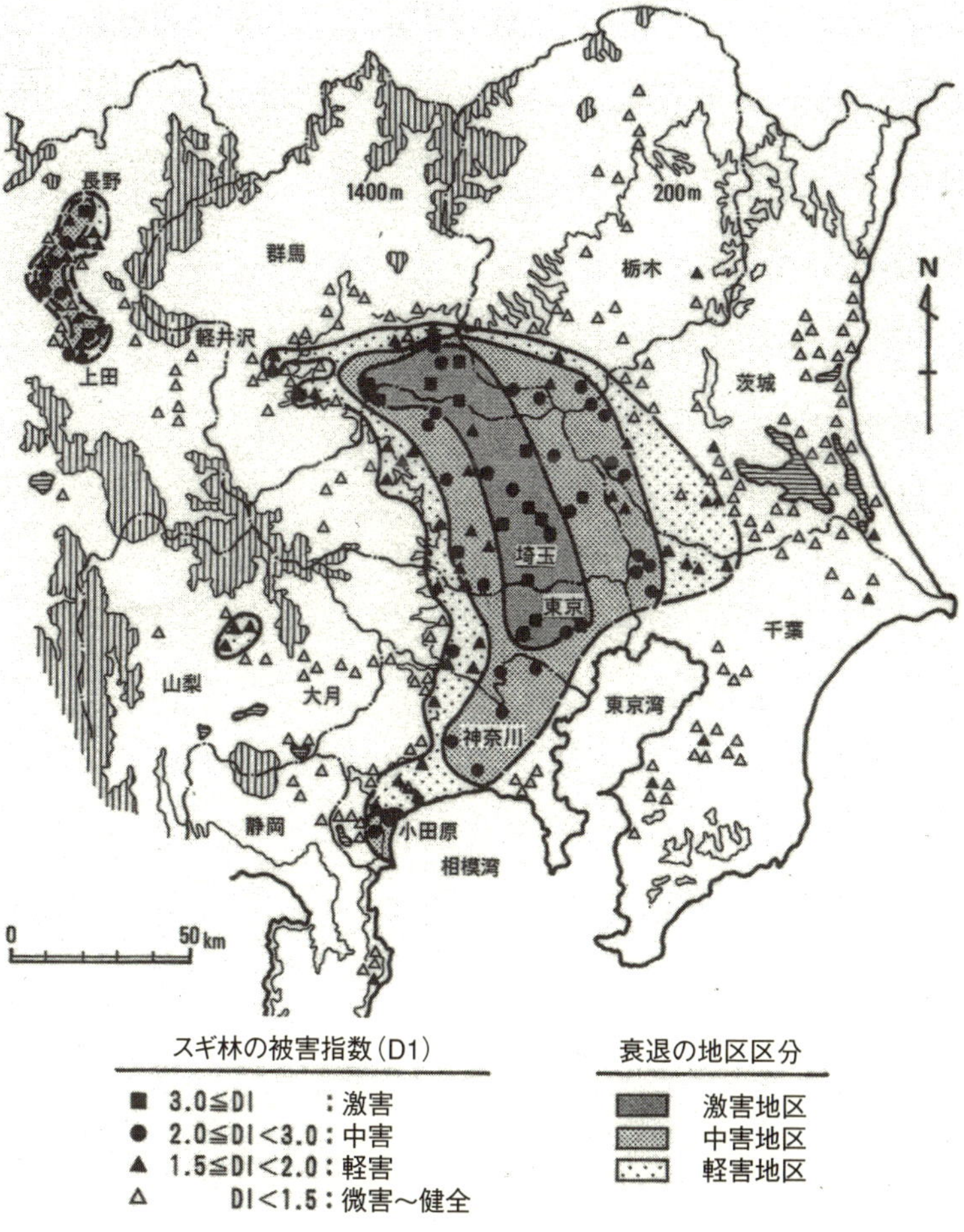

図2-3　関東・甲信地方におけるスギ被害指数の分布。(梨本・高橋、1991)

していた。種類について見ると、都心部ではトリコデルマが優勢で、スギが健全になる郊外ではほかのカビが増加していた。しかし残念ながら、芝生の土壌は場所によって管理の仕方が違うので、結果がばらつき、調査結果に確信が持てなかった。土壌微生物は犬がおしっこをしても、ミミズがいるだけでも簡単に変わるのが常である。

そこで土壌を採取した地点に生えているアズマネザサの葉を取ってきて、その表面についている微生物を調べることにした。（図2-4）これなら、おそらく直接汚染の影響を受けているはずで、土壌への影響を推測できるかもしれないと思ったからである。茎の上部についている少し古い葉を取り、一定重量を滅菌水で洗って、それを寒天培地に流し込んで培養する。数日すると、種々雑多な細菌やカビのコロニーが出てきて、数えることができるようになる。

都心から一〇キロ以内にはスギが見られず、ケヤキは四〇キロまでひどく衰弱している。この範囲では細菌もカビも極めて少ない。しかし、そのころ都市開発が進んでいた四〇キロを過ぎる地点から増加に転じていた。細菌は八〇キロ地点まで増加傾向を示し、山にかかる一〇〇キロ地点では少し減っていた。カビは六〇キロ地点まで増加し、それより以遠では減少傾向を示した。両者とも一定の傾向を示し、出てくる種類も三〇キロ地点で大きく変わっていた。

マツタケのシロのように、ある生物がコロニーを作ると、その中心付近は真空状態、いわゆるイヤ地になるのが普通である。そこから連想して、人間のコロニーともいえる東京でも、微生物相がドーナッツ型に変化しているように思えたものである。調査点数も少なく、二回調べただけだったので、説得力に欠け、誰にも信用してもらえなかったが、今も面白い現象だと思っている。[7]

同じ研究室で土壌動物を担当していた新島渓子さんに同じ地点で小動物を採集し、その種類や個体数を測定してもらった。木立の下に落ち葉が積もっている場所では、都心でも郊外でも虫の個体数はさほど変わらなかった。これは餌などの生活条件が整っているところなら、どこでも動物は暮

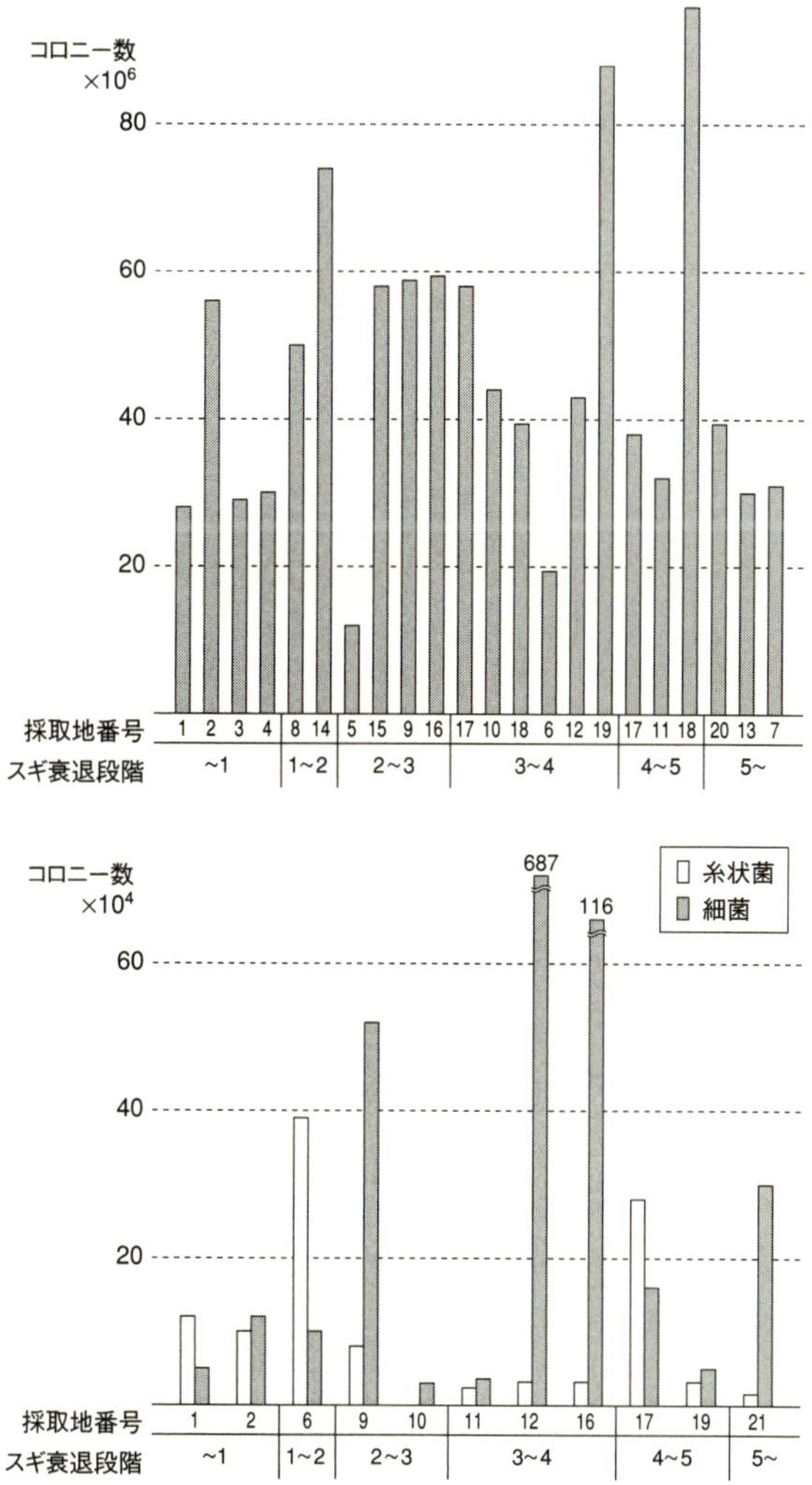

図2-4　上段：関東地方のゴルフ場における芝生表層土壌の細菌数。
下段：アズマネザサ葉面上の微生物相。サンプル採取地点は図2-2参照

らすことができるからだという説明だった。ただし、種類によって都心から消えるものと、逆に増えるものがいたというので、やはり虫も大きな環境変化に対応して動いているらしい。

また、どこにでもいるベソッカキトビムシは都心の緑地で減少するが、島のように緑地が残った明治神宮や大宮八幡などでは逆に増えていたそうである。おそらく、緑地の大きさがある程度あれば、耐性の高いものが生き残り、他のものがいなくなって空き家ができるので、かえって繁殖しやすくなるらしい。[9] 実際、都内のゴキブリやカ、ネズミなどは年中いたって元気で、ずいぶん悩まされたものである。

土壌微生物や動物によって土壌の汚染状態を捉えようというのは、いささか無謀かもしれないが、もし実際に大きな変化が起こっているとすれば、恐ろしいことである。そこで、もっと直接汚染物質の集積状態を測定できないかと思って、そのころ土壌化学の専門家に頼んでみた。しかし、窒素をアンモニア態や硝酸態に分け、さらに酸化過程を詳しく決めるのは、極めて難しいという返事だった。硫黄酸化物の方が扱いやすいらしいが、当時の分析技術では手間がかかるので、諦めざるをえなかった。

スギ花粉症

私はもともとアレルギー体質で、子供のころからかぶれやすいたちだった。一九六八年の春に京都から東京へ移って二カ月もたたないうちに、喉がはれて微熱が出るようになった。診療所で診てもらうと、アレルギー症状で典型的な公害病だという。

　一九七二年の春にアメリカのオレゴン州にある連邦政府の北西部林業研究所に行ったら、さっそく五月に原因不明の熱病にかかってしまった。子供も目が見えなくなるほど眼やにを出している。家内が心配して知り合いの看護師さんに尋ねたら、ヘイフィーバー（干し草熱）だという。適当な薬をもらって飲んでいたら、そのうち治ったが、今から思うと、これが花粉症との不幸な出会いだった。

　翌年帰国して目黒の官舎に移り、しばらくたったころ、節分に目黒不動尊へお参りに行ったら、その夜からくしゃみが出だしてとまらなくなった。驚いて診療所へ飛び込んだら、嘱託医が学位論文のためにアレルギーの研究を始めたばかりだというので、さっそく検査してもらった。その結果、スギ花粉の抽出物でアレルギー反応が出て、スギ花粉症という有り難くない病名をいただくことになった。

　ちょうどそのころ、構内の実験圃場に育っていた育種用の若いスギが盛んに花粉を飛ばしていたので、それが原因になったらしい。以来三五年、いまだに完治しないまま、スギは癪の種である。専門医の意見では、「始まりは東京の公害病による喉の炎症、次がアメリカの牧草の花粉、そしてスギ花粉へという順序でアレルギー症状が定着したのでしょう。大変興味深い例です」とのことだった。

　研究材料にしてもらって、その後いろんな薬を試したが、いまだに治らない。薬は目が回り、眠くなるので、できるだけ飲まないで耐えた方がよい。ちなみに、もっとも効果があるのは転地療法である。

幸い、二月から三月にかけてインドネシアのフタバガキ科の木が実をつけ、雨季に菌根を作るキノコも出てくるので、熱帯林再生のための実験をすると称して、何年か、くしゃみや鼻水から逃れさせていただいた。最近は薬をやめて、もっぱら高齢化するのを待っている。というのも、医師の意見では「年がいけば、そのうち治りますよ」だからである。

スギの衰退現象を調査していたころ、仕事でよく出かける埼玉県や東京都の高尾でも、必ずと言っていいほどマツやスギの木立に沿ったアスファルト道路が花粉で黄色くなっていたのを思い出す。スギ花粉の大量飛散は関東から始まり、そのころは花粉症も都会人の間に蔓延する病気だったように思う。

当時から見ると、最近は確実に花粉の量が増え、花粉飛散情報がテレビで流されるほどで、スギ花粉症の患者も明らかに増えている。なぜ、これほどスギの花芽が増え、花粉が飛ぶようになったのだろう。スギの品種が悪いとか、植えすぎ、手入れ不足など、林業が悪者にされているが、はたして、それだけだろうか。どうも、もっと大きな背景があるように思えてならない。花粉症の素因は人の遺伝的形質、主因は花粉、はたしてその誘因は何だろう。

癪に障るので、スギの花芽がいつできるのか、家の近くにあるスギを通るたびに観察してみた。スギの雄花の花芽は春に出た新芽の先端にできる。八月の末には先端の成長が止まり、針葉の先端部分が少しふくらんで来る。このころに切片を作ってルーペで見ると、小さな花の塊が見える。一一月の末になると、しだいに黄色みを帯びてくるので、それとわかる。正月を過ぎる頃にはかなり膨らんで褐色になり、重くなって垂れ下がる。そして、少し暖かくなると、いっせいに花が開いて、霞のように大量の花粉を飛ばす。くしゃみが出始めるのは、間違いなく花粉が飛ぶその日からである。

雄花が目立ち始める冬に、よく注意して見ると、雄花の多い木の樹形には共通した特徴がある。雄花がつかない木は葉が密生してほとんど隙間がなく、判定基準からすると健全な木である。一方、葉が房状か、くす玉状になって枝が少し見え、全体にもくもくとしている衰弱段階4から3のものが、樹齢にかかわりなく雄花をよくつけている。雌花の数もこの段階のものに多い。枯死寸前の段階2や1の木は、ほとんど雄花をつけていないか、つけていても少ない。

ところで、二〇〇八年二月二三日付の日本経済新聞に「スギ花粉飛散防ぐ薬剤。四、五年後に実用化」という記事が載っていた[10]。化学メーカーと大学が共同開発した薬剤を、花芽が育つ時期に散布してスギの雄花を枯らそうという計画である。主成分は天然物由来の物質なので、二〇〇五年から林木育種場で試験を重ねたが、人体や環境にも影響がないという。経済効果も大きいので、実用化したいというが、無差別に空中散布して大丈夫だろうか。期待したいが、なんとなく気になる話である。

花は死に花

一九九一年に関西に戻った直後から、京都を離れた二三年前に比べて、花の咲き方や実のなり方、落葉時期など、植物の様子がおかしいのが気になりだした。そこで毎年京都府立植物園や宇治市周辺で樹木の種類を決め、季節ごとにその変化を観察することにした。初めは面白がって記録を取っていたが、五年ほど前からやめてしまった。というのも、あらゆる樹木が種類を問わず毎年のように花を咲かせ、やたらと実をつけるようになったからである。さらに、梢端枯れや枝枯れする木の種類や数も、最近とみに増えている。

宇治の大吉山ではシイが毎年盛大に花を咲かせ、五月になると山が黄色く見え、独特のにおいが漂ってくる。シイやウバメガシ、コナラ、クヌギなども、盛んに実をつけるので、イノシシが寺や人家の近くまで出てきて餌をあさっている。

以前、クスノキは前年の葉が残っているうちに新しい葉を出し、こんもりと茂っているのが普通だった。ところが、最近は落葉樹のように毎年葉を落として、枝が目立つようになり、うすら寒そうに見える。これも黒い実をたくさんつけるようになった。しかし、兵庫県の山間部に行くと、昔懐かしいこんもりとしたクスノキがあったので、この衰弱は都市周辺に限られているのかもしれない。

隔年結果するのが常とされていたカキが、このところ毎年のように実をつけ、その実がどんどん小さくなっている。アカマツやクロマツも大量の花を咲かせ、マツカサが年を追って小さくなった。最近のマツの中にはマツカサだけを作るものが増え、種子があっても、ほとんどがシイナである。

街路樹のイチョウも盛んに実をならせているが、貧弱なものが増えている。植物園のヒマラヤシーダーが黄色い花粉を飛ばし、大きな球果をつけ、メタセコイアやセコイアなども花や実をよくつけるようになった。庭に植えられているバショウが花を咲かせ、小さなバナナのような実までつけ始めた。ソテツも花を咲かせ、霜よけが要らなくなったと思ったら、ブーゲンビリアが路地で育っている。

落葉時期も明らかにずれ込んできた。多くの木で芽吹きが早くなり、二月の末には新芽が動き出している。樹木の枝の成長は一一月いっぱい続き、鞭のように伸びたシュートが、いつまでも青々としている。京都の観光地の紅葉の見ごろが一二月上旬になり、近郊の山の色が灰色に変わるのも一二月下旬になってからである。

宇治川の河畔にあるクヌギの大木は最後に葉を落とすので、一九九三年以来指標にしている。観察を始めた年は一二月五日に落葉したが、それが次第に遅くなり、二〇〇八年には一二月三〇日まで葉が残っていた。宇治橋のたもとに植えられているヤナギはクヌギより長く葉をつけているが、一五年前には一二月一五日に落葉し、今年は一月一〇日まで緑色の葉を残していた。なんと、落葉時期が一五年の間にひと月近くずれ込んだことになる。この間、年によって後戻りしたことがない。

これほど毎年実をならし続けると、消耗が激しく、貯蔵養分が切れて樹体が衰弱するはずである。花が咲いて実がなるのは、その年の気象条件によるが、毎年同じように、異常なほどの花や実がつき、枝枯れした木が増えているのは、どうしてだろう。

地球温暖化といってしまえばそれまでだが、どうもそれだけではなさそうに思える。植物が花をつけるのは、一年生草本に見られるように、植物体自身の成長が終わる前である。多年生の木本植物の場合は、生命に危険が迫ったと予知できるときに生殖成長が始まる。果樹の場合は、剪定して樹体の栄養成長を抑え、実をとる分だけ肥料を与えて生殖成長に向かわせている。これは植物を危機状態に追い込んで、繁殖力を人為的に高めさせるやり方である。

生殖成長を誘う刺激は温度変化や乾燥から来る水分ストレスと思われるが、水の欠乏を感じるのは、多くの場合地下部、すなわち根である。根から吸収できる水分量が減ると、水分ストレスがかかり、花芽ができやすくなるのではないだろうか。このことは、熱帯雨林のフタバガキ科の樹木など、いろんな植物でよく知られている。[11] また、水分ストレスが強まると、農作物などでは花や実の数量が落ち込むのが普通である。[12] ということは、自然状態にある植物、特に樹木の多くが水分ストレスを感じているということになるのではないのだろうか。

キノコの場合も、マツタケのように地中温度が一九度以下になると、地下の菌糸体が温度変化を感じて子実体原基を作る。温度変化というストレスによって生殖成長が始まり、その後たっぷり水分が補給されると、子実体が成長する。[13] 要するに、花を咲かせたり、キノコを作ったりするのは、子孫を残すために種子や胞子をできるだけ多く作ろうとする行為で、生命の危機、すなわち死が近づいた兆しだといえそうである。花は死に花なのだろうか。

スギやヒノキはまだ集団枯死する段階に達していないが、その兆候は異常乾燥が続いた年に見られた。異常な旱魃は一九〇〇年代に入って多くなったが、旱魃がひどかった一九九七年ごろに保津峡に沿ってヒノキやスギがかなり枯死したことがある。その年、同じように宇治の周辺でもヒノキが何本も連なって枯死した。さらに、ウメの立ち枯れを調査していた和歌山県田辺市の周辺でも、山のヒノキやスギが枯れ、タケが衰弱した。宮崎県でも同じ現象が見られた。

人工林の場合は、おそらく、間伐不足で根系が狭く、根の量が少ないため、十分吸水できずに枯れたのだろうと思っていた。しかし、必ずしもそうとは限らない。宮崎県の場合は、山麓の湿った場所で、しかもかなり大きな木が集団で枯れていたからである。その時の枯れ方は急に葉の色が変わり、立ち枯れしたものだった。

最近スギの根を掘って見ることが多いが、木が衰弱している場所では、マツと同じように腐った根が増えている。一方、健全に育っている山の中では腐った根が少なく、新しい根がよく伸びている。「須佐大杉」の例で見たように、根は炭の中で見事に増えるが、近くの土の中ではさほど伸びていない。炭だけでなく、砂利を敷いたところでも若い根が出ていたので、どうやら土が悪くなっているらしい。もし、本当に土壌が汚染しているせいだとしたら大変なことである。

スギの場合、衰弱する誘因は酸性雨と考えられてきたが、大気と水と土壌を含めた汚染と見た方がよい。もし、スギが集団で枯死すれば、その主因はマツと同じように病原菌や害虫ということになると思うが、誘因について、もう一度考えてほしい。素因については、衰弱と花が咲きやすい性質との関係も、まだ明らかではない。しかし、花粉症に悩んでいる人が多いから、「スギなんか、みんな伐ってしまえ」という暴論もあるので、早めに調べておいたほうがよい。

植物の花の形や咲き方、受粉の仕方などは地球上の複雑な環境の変化に応じて、それぞれ独自に発達してきた。子孫を残すために重要な働きをする花は、環境の変化に最も敏感に反応する部位である。多年生の樹木は、同じ場所に何十年、何百年と育っている。そのため、花の咲き方や芽の出方、落葉時期などを観察していると、環境変化の累積効果が見え、思いがけない気候や土壌の変化を捉えることができる。最近、いろんな木からこのことをあらためて教えられた気がしている。

第三章　クリの立ち枯れ

クリの栽培はいつから

最近どこかへ出かけると、本も読まず、居眠りもしないで窓の外を見ていることが多くなった。マツ、スギ、ナラ類、サクラ、タケなどの枯れはもちろんだが、クリも気になる。丹波栗で有名な京都府や兵庫県の山間部にあったクリ園は、今やほとんど廃園になり、秋になると、わずかに枯れ残った木に実がなっているだけである。もちろん、新しいクリ園を見ることもまれだ。

どうしてこうなったのだろう。消費が減って農家が栽培意欲を失ったのか。韓国や中国からの輸入品に押されたためか。理由はいろいろ考えられるが、治しようのない病気がまん延してクリ園が姿を消したのも事実である。

条件さえよければ、クリは数百年の寿命を保つことができる木で、種は異なるが、北半球に広く分布し、その実は太古から食用にされてきた。近年まで知られていたクリの巨木はアメリカ東海岸にあったアメリカグリだが、これも二十世紀初頭から枯れ始めて、今はほとんど残っていない。この木は樹高数十メートルに達し、幹の直径が五、六メートルもある大木だった。そのため、鉄道の枕木や建築用材として利用価値が高かったために早くから伐採され、その後に育った木が、またクリ胴枯病菌におかされて大量に枯死した。[1]

縄文時代には日本にもクリの大木があったらしく、三内丸山古墳の櫓には大きなクリの柱が使われていたそうである。瀬田勝哉著『木の語る中世』[2]によると、室町時代の中ごろにまとめられた『三国伝記』という書の中に、クリの大木を伐った話が出ているという。その文を引用すると、「近江国栗太の郡と申すは、栗の木一本の下なりけり。枝葉繁栄して梢天に覆へり。秋風西より吹く時は、伊勢の国まで木の実（菓）落つ。七栗というところは其の故なり。また、この木の陰遥かに若狭の国に映る間、田畠作毛不熟に因て、彼の国の訴訟有て、この樹を切る」という。

瀬田さんによると、これは近江国栗太郡にあったハハソの大木が陰になって農民が困っているので、天皇が命じて伐らせたという『今昔物語』の話によく似ているが、それが地名の由来説話に形を変えたものらしい。伐った木を処分しようとして、琵琶湖に流したところ、流れついた先で、たたりがあったので、その材木で三体の仏像を造ったという話である。古くから、クリの木には強い霊力があると信じられていたようである。

クリの木と同じように、実にも霊力があると思われていたらしく、『宇治拾遺物語』の中に面白い言い伝えがある。壬申の乱のとき、大海皇子が里人から焼き栗とゆで栗をもらって、念願がかなったら生えるようにと祈って撒いたところ、戦いに勝った後に生えてきたという。クリは発芽しやすく、成長も速く、生命力の強い木と思われていたのだろう。これが勝ち栗の由来らしい。

そういえば、子供のころは正月のお膳に、必ず固い勝ち栗がのっていたものである。「栗拾い」は子供にとって秋の楽しみのひとつで、ゆでたり、焼いたり、生でかじったりと、大切なおやつだった。栽培されている大粒のクリを拾うのは、もちろん禁じられていたが、山に自生している柴栗を拾うのは自由だった。

クリが栽培されたのも古いことらしく、その例が先の本に紹介されている。春日大社の縁起を書いた『古社記』という本の中に、鹿島の神、建雷命《たけみかづちのみこと》が春日大社の神官、中臣連時風と秀行を供にして奈良へ旅する話が載っている。その旅の途中、鹿島の神が伊賀国薦生《こもお》山に数カ月滞在したとき、そこで殖栗連《えぐりのむらじ》という名をもらって、末代まで神に仕えることになったという。殖栗という言葉にどういう意味があったのか、クリの栽培を司ったのだろうか。

また、瀬田勝哉さんによると、『東大寺文書』には薦生が古くからクリの産地だったと書かれているそうである。平安中期の九六四、九六五年の記録に、夏目郷薦生御牧にはクリ林が三カ所あって、その一つは九三町となっている。また、宮栗栖というのがあって、これは六町三反余だったそうだから、かなり広い場所で栽培されていたらしい。

クリが栽培されたのは、実が甘く、食料になり、神饌《しんせん》として供えたり、献上品にしたりしただけではない。その材は腐りにくく、古い家では、たる木や根太など、湿度が高い場所に使われていた。鹿島神宮では社殿を作るために、クリとスギを植えたという。後には日本でも鉄道の枕木として使われ、大きな木がほとんど姿を消すことになった。

クリは人手が入った二次林に多い木で、どこにでも生えるが、一般には多少土が肥えた、水はけのよい場所でよく育つ。そのため昔は農家の裏山や家の近くに、大きな実をつけるクリが植えられていた。「丹波栗」で名高い京都府や兵庫県などでは、山裾のなだらかな斜面を開いて、小さなクリ園を造り、半ば放置状態で栽培していた。

クリの病虫害

クリは成長が速いだけ病害虫に弱く、枯死しやすい。『原色樹木病虫害図鑑』[3]には、クリの病気が六種類、害虫が数種類描かれている。また、『クリの作業便利帳』[4]には、病虫害とその防除法などが書かれているので、参照されたい。

病気のひとつは、今アメリカの西海岸で流行しているオーク突然死病（SOD）の病原菌[1]に近い*Phytophthora castaneae*にやられるクリ疫病である。この病原菌が幹の樹皮の下に広がると、黒い墨汁のようなものが染み出してくる。樹皮の下は菌に侵されて形成層が褐色になり、発酵臭がして組織が柔らかくなる。菌が幹を取り巻くように繁殖すると枯死する。患部は地表から一メートル程度の高さまでに限られ、枝では基部から発症する。害虫の食痕から発病するというが、防除法として土壌消毒や樹下に草を生やす草生栽培を勧めているので、病原菌は土から来るように思われる。梅雨期に立ち枯れして、ほとんど萌芽再生できない。

もう一つ重要なのは、アメリカグリを全滅に追い込んだ、*Endothia parasitica* という菌で起こるクリ胴枯病である。日本のクリや中国のシナグリはこの菌に対して抵抗性があるとされている。菌に侵された部位の樹皮は、初め赤褐色になり、初夏には無数のいぼ状突起ができて、サメ肌状になる。これら小さな突起は樹皮を破って黄褐色の斑点になり、湿ると、ここからサンゴ色をした巻きひげ状の小胞子塊が飛び出す。菌が枝や幹を侵すと幹部から上は枯死する。この場合は根が菌に侵されないので、萌芽再生できる。

Cryptodiaporthe castaneum という別の菌が感染して起こるクリ白点胴枯病の症状は、いぼ状突起が灰白色から淡黄白色になる点を除いて、クリ胴枯病によく似ている。根が死なないので、患部の下に不定芽が出て再生する。樹勢の衰えや霜の害が誘因になるという。おそらく、クリ胴枯病の場合と同様、根を健全に保っておけば、ある程度予防できるように思われる。

このほか、木が枯れるほどではないが、葉に出る三種類の病気が記載されている。*Pucciniastrum castaneae* というサビ病菌によるクリさび病は、クリ、シナグリ、チョウセングリなど、アジアのクリに多い病気である。*Tubakia japonica* によるクリ斑点病や、*Monochaetia monochaeta* によるクリ葉枯病は、いずれも葉の一部が菌に侵されて褐色になるだけで、大きな被害につながることはないという。

害虫として有名なのはクリタマバチで、クリの腋芽に虫こぶを作って、木を衰弱させる。家にあった大きな実をつけるクリが、クリタマバチに狙われて、数年間虫こぶを作りつづけ、ついに枯れたのを思い出す。虫こぶをナイフで割ってみると、小さな白い幼虫が穴の中で丸くなっていた。

初夏に虫こぶから出た成虫は、すぐクリの腋芽に産卵管を突き刺して卵を産みつける。八月中旬までに卵は孵化して幼虫になり、腋芽を食べるが、十月には休眠に入って越冬する。卵のまま年を越すものもあるらしい。春になって芽が成長するにつれて、幼虫が急に大きくなり、おそらくホルモンの作用によると思われるが、赤褐色の虫こぶが形成される。六月には虫こぶの中で蛹になり、初夏には成虫になって虫こぶから出て、また若い腋芽に産卵する。そのため、適当な農薬がなかったころは、いったん繁殖し始めると、退治するのが難しかった。第二次大戦後、日本のクリ栽培はクリタマバチの被害で、一時停滞したといわれたほどひどかったが、最近は天敵のチュウゴクオナガコバチが増えて、被害が減ったそうである。

このほか、幹に孔をあけて入り、皮層部分を環状に食べるシロスジカミキリや幹に小さな孔をあけて樹皮の下を食べるカシワスカシバ、幹や枝などに侵入して心材まで食べるコウモリガなど、害虫の種類も多い。どの場合も幹や枝から木屑が出ているので、それとわかる。

クリ栽培の普及

クリが果樹として扱われるようになったのは最近のことで、永い間、特用樹種として林業の中におかれていた。そのため、ほとんどの調査研究は兵庫県、京都府、茨城県など、クリ産地の林業試験場で行われていた。当時の主な研究テーマは品種の収集や品種改良、増収のための栽培試験などで、クリの生理生態に関する研究は手つかずのままだった。何しろ、クリは林業の副産物に過ぎなかったので、永い間病虫害について本格的に研究するところもなかったのである。

一九五〇年ごろ、クリの根をくわしく調べた研究報告が岡山大学農学部の本多昇さんたちによって出されている。[5] ただし、この調査研究は当時林間栽培として広がり始めたクリの適地を決めるためのもので、菌根は注目されていなかった。まだ、クリの病虫害もさほど問題にならないころで、もちろん、クリの立枯症を意識したものでもなかった。

一九六〇年代でも、大粒のクリは高価な食材で、クリご飯やクリきんとん、クリ羊羹などの和菓子に用いるのが主で、天津甘栗やマロングラッセなどは、まだ珍しいものだった。クリの栽培が盛んになりだしたのは、生活に多少のゆとりができて、クリを使った菓子類が出回りだした一九六〇年代半ばごろからである。特に、中山間地の農村では収入を上げるために、山裾や低山帯を開墾してクリ園にすることが流行り、地方自治体や農協も換金作物としてクリの栽培を奨励した。

特に福井県や石川県など、元来落葉広葉樹林が多く、クリの適地とされた地方では、クリ園の大規模開発が奨励された。クリ栽培は手間がかからないというので、人手が減り始めた農家の関心を呼ぶことにもなった。福井県では一九六〇年代に入ると、中山間地の主要作物の一つとして、構造改善事業や開拓パイロット事業、林業構造改善事業などでとりあげられるようになった。

これらの補助事業によって県下の各地にクリの生産団地が作られ、クリ栽培専業農家まで現れるほどになった。国や県で奨励する補助事業の常だが、似たようなプランが近県へも飛び火し、石川県の能登半島でも北陸農政局の指導で大規模造成によるクリ生産団地の開発が行われた。

農業の片手間でも何とかやっていけるというので、手間のかかる牛の飼育やタバコ栽培からクリ

写真3-1　赤土の山の尾根ぞいに造成されたクリ園。1980年　石川県能登半島

に切り替えたいと希望する農家も多く、初めのころは大いに歓迎されたという。しかし、通常の農地や里山をクリ園に改造していたのでは、経営の規模拡大もままならない。いきおい、利用価値のないアカマツ林や潅木林を伐り払い、赤土の尾根筋を平にして栽培団地を造成することになった。

本来、クリは石まじりの湿って肥えた土地を好む癖があるので、山裾が適地とされていたが、ところによっては無理をすることになってしまった。樹木の場合は寿命が長いので、このように適地を間違えると、必ずといっていいほど致命的な障害に見舞われることになる。

話は変わるが、クリが枯れ始めたころから、運悪く韓国から大量にクリが輸入されるようになり、農家の生産意欲は急速に衰えていった。というのも、一九七〇年代の韓国はようやく経済成長期にかかり、外貨獲得のために輸出品目を探していた。当面の相手は日本である。一九八一年にマツタケを増産したいというので、韓国へ出かけたとき、クリ栽培が盛んになった経緯を聞いた。

一九六〇年代の終わり頃から、日本の専門家が韓国へ丹波栗の品種を送り、栽培方法を教えてクリ園造成を手伝い、輸出するまでに成長させたという。韓国では、当時まだクリの渋皮をむく農家の手間賃が安かったので、皮をむいた加工用のクリを日本向けに大量輸出することになった。開発されたクリ園も日本より規模が大きく、採れすぎてクリ焼酎を作ろうかというほどだった。

マツタケやクリは、韓国の経済成長を一時側面から支えたように見えたが、今ではともに落ち込んでいる。外貨を獲得して経済発展の先鞭をつけるのは、現在の中国にも見られるように、どこでも農産物と安い人件費に頼った製品の輸出と決まっている。それが経済成長につながり、規模が肥大化するにつれて、次第に国内生産が空洞化し、食糧も自給できないほどになる。これをレスター・ブラウンによるとジャパン　シンドロームというそうだが、クリもその流れに乗っていた感がある。

クリの急性枯死

クリの立ち枯れが問題になりだしたのは、一九六〇年代半ば以降のことである。クリは病虫害を受けやすいので、それ以前からあったのかもしれないが、さほど問題にされていなかった。ところが、一九六六年ごろから、北陸地方で原因不明のクリの集団枯死が広がり始めた。植えた木に実がなり出すころに枯れるので、栽培農家への影響は甚大だった。そのうち自殺者が出るなど、社会問

写真3-2　クリ立枯症。葉を落として立ち枯れしたクリの木。福井県

題化し始めたので、栽培を奨励した国や県は、責任上原因を調べて、対策を立てる必要に迫られた。

農林水産省でも、果樹に起こる原因不明の病気を取り扱う研究プロジェクトをスタートさせることになった。林業試験場で土壌微生物や菌根を扱っていた私も、その研究チームに加わることになったが、クリを扱うのは初めての経験だった。

研究課題名は「果樹等における生理障害の解明と対策技術の確立」という難しいもので、研究期間は一九七九年から一九八三年までの四年間だった。生理障害というのは、はっきりした病原体や害虫が見つかっていない難病指定された病気のことである。

この中には、リンゴやナシ、カキ、クリ、ミカン、ブドウ、チャ、クワなどの種々雑多な病気が含まれていた。予算はご多分に漏れず、わずかなものだったが、この仕事から教わったことは、予想以上に多かった。おかげで、後に熱帯雨林のフタバガキ科樹木の菌根やナラ類の菌根を扱うことができたのだから、研究はお金だけでは測れない。

調査は福井県内の立ち枯れが出ている場所と、出ていない場所を数カ所、石川県能登半島の大規模造成地と茨城県の健全なクリ園などを選んで行われた。研究内容はそれぞれの専門分野に応じて分担し、果樹試験場の人たちが土壌や水分環境を、福井県農業試験場が調査地を提供して栽培技術とクリの生理生態を、私たちが菌根や土壌微生物をそれぞれ担当することになった。一九八五年には、この研究成果をまとめた報告書が発刊されている[6]。

当時福井県農業試験場でクリの立ち枯れを担当されていた杉本明夫さんの「クリ立枯症に関する研究（第1報）[7]」を見ると、福井県での発生状況とその広がり方がよくわかる。福井県で最初にクリの立ち枯れが見つかったのは一九六六年のことで、場所は雪の深い名田庄村のクリ園だった。翌年には福井市で、次の年にはさらに広い範囲で発見され、一九六九年になると、試験場の実験圃場にも発生し、それ以後も拡大し続けた。いずれも降雪量の多い地域だった。

どこでも、植えてから四、五年たって若い木が急に萎れて枯れるという症状で、萎凋病の一種だった。この病気はそれまでに茨城県で知られていたクリのポックリ病[8]と似ていたが、違った症状のものもあるので、当時、福井県では「クリ立枯症」と呼ぶことにしたという。ここでも以後、「立枯症」という。その後、石川県立農業短大の大石親男さんたちが二種類の病原菌を確定して「クリ黒根立枯病」と命名したので、病原菌に関係する場合は「黒根立枯症」という[9]。

杉本さんによると、[10]クリ立枯症の症状には二つのタイプがある。その一つは、見かけ上健全だったものが、梅雨明けのころ肥料切れを起こしたときのように、葉の色が薄黄色になる。その後一週間ほどで全体が萎れ、葉を落として枯死する。この症状を急性型と呼んでいる。

もう一つは春に現れるもので、発芽や葉の展開が遅く、新しい葉は枚数が少なく、葉の色も薄く、新梢が伸びず、梅雨明けの頃に落葉して枯死する。これは前年衰弱した木が冬を越した場合に出る症状で慢性型と呼ぶ。いずれの場合も、枝葉などには顕著な病斑が見られず、枯死した後の幹や枝から病原菌が分離されることもない。

枯死する直前の木の根を調べると、直径一から二ミリの細根が真っ黒に変色して腐っている。幹に近い太い根は健全なままで、腐りは先端から進行する。そのため、吸水力が低下して枯死すると思われた。幹の部分にも褐変が見られ、根元から新芽が出て再生する例もない。

一般に広葉樹、特にクリなどのブナ科の植物は、地上部が枯れても、根が健全であれば、地際から新しい芽を出して萌芽再生する。しかし、この病気の場合は、後に観察した多くの例でも、萌芽枝が全く見られなかったので、根が傷害を受けていることは明らかだった。また、萌芽しない場合は地上部が枯死する何年も前から根の傷害が進行し、地上部が萎れるころには、ほぼ完全に根が死んでいるのが通例である。

調査研究の始まり

杉本明夫さんからいただいた、これらの予備知識をもとにして、クリ立枯病が出ている現場を見ることにした。調査に先立って、果樹試験場の関谷宏三さんや杉本さんたちと相談して、次のような予測を立ててみた。

「開墾された山の土壌は酸性の強い粘土質の赤黄色土、いわゆる赤土で有機物に乏しい。土が固く水はけが悪いために、クリの根も深く入らず、根系が狭い。雪の多いところでは、春に根が伸びる時期に雪解け水が出て、排水が悪いと根が腐りやすい。根が死ねば、たとえ病原性の弱い日和見感染菌だったとしても、病気がまん延するのは避けられない。さらに、土が悪いためにクリの実をたくさん採ろうとして、化学肥料が大量に使われているので、菌根形成が阻害されやすい。特に尿素や硫安の多い肥料は、酸化の過程でクリの根や菌根にとって有害な窒素酸化物に変わる恐れがある。菌根が消えて根が裸になると、さらに病原菌が侵入し、根の機能が低下する。その結果、水分吸収力が衰え、蒸散量が多くなる夏に水切れを起こして急激に枯死する」。

これを証明するための調査や実験を始めることにした。

まず手始めに、クリの立ち枯れが出ている福井県の大規模造成地へ行ってみた。問題のクリ園は低い山の尾根を削って赤土を剥き出しにし、テラス状から階段状に造成した場所にあった。近づくと、若いクリの木の葉が垂れ下がり、全体が萎れて枯れていた。一方、その根元にはハコベやツユクサ、アカザなど、畑の雑草が青々と茂っている。これは、明らかに果樹用の化成肥料のやりすぎである。

平らな造成地に枯れ木が並んでいる光景は異様で、まるで、開いたばかりのクリの霊園にいるような気がした。立ち枯れしたクリの木は平らに削った尾根筋に多く、造成のときに埋め立てたところや元の山なりの斜面には、同時期に植えたクリがまだ残っていた。

土壌断面を掘って調べてみると、平地ではやわらかい土の層が極端に浅く、クリの根はまっすぐ

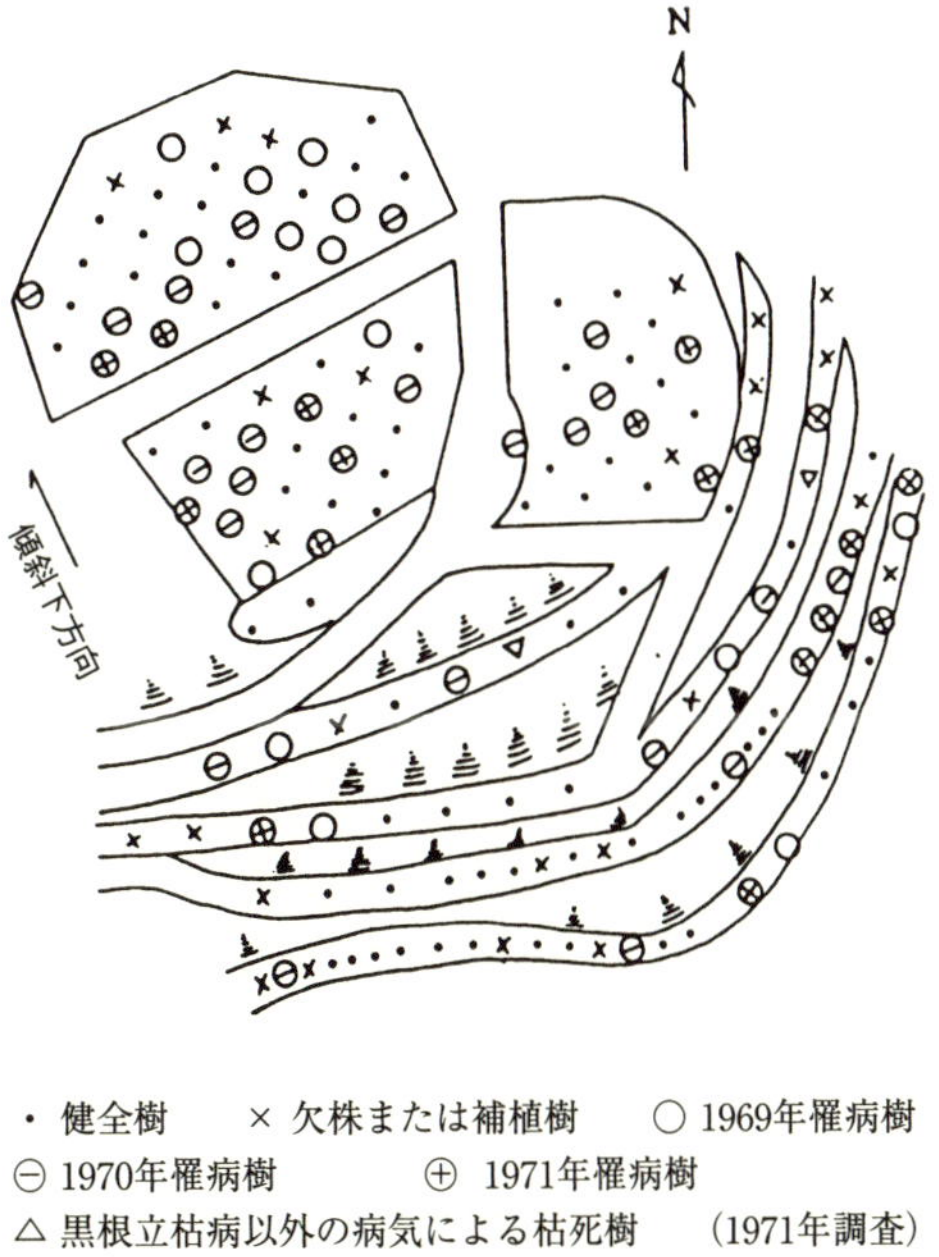

図3-1　福井県農業試験場内の傾斜地に造成されたクリ園でクリ立枯症が発生した様子。

表土を削って平らにした上の造成地に植えたクリより、斜面に植えられたもののほうが生き残っている。(杉本明夫、2000)

に伸びず、ねじれて地表近くにむらがっていた。元気そうに見える木でも、肥料を大量にもらっているため、成長が旺盛で葉はよく茂っているが、太い根が少なく、細い根もねじれているものが多かった。

土が固くて水はけが悪く、栄養分の多い有機物が少ないために根の成長が抑えられ、窒素肥料が多いために地上部だけが成長している。地上部と地下部のあいだに成長のアンバランスが生じていたのである。誰しもこの現場を見ると、誘因は人為的なものと思いたくなる。

次に、福井県大野市にある、病気の発生が比較的少ないクリ園を見に行った。ここも雪の多いところで、町の中を年中きれいな水が流れている。クリ園の土壌は真っ黒な土、いわゆる黒ボク土壌でやわらかい。カタクリが群生していて、春には見事な花園に変わる。カタクリは鱗茎が深く潜るので、やわらかな土が厚く堆積しているところによく育つ。

クリの根は深く、まっすぐに伸び、見かけ上細い根や菌根の量も多かった。クリの幹や枝の表面にもつやがあって、枝葉もよく茂り、成長状態は立ち枯れの多い地域に比べて、良好だった。

その後、能登半島の珠洲市に近いクリ園を訪れたが、ここも福井県の場合と同様、大規模造成した場所で、すでにクリ立枯症が広がっていた。この近くには石川県林業試験場のマツタケ試験地があって、以前はマツタケがよく出ていた地域である。やはり粘土質の赤土で、元来クリよりもマツタケの適地だった。

次いで比較するために、被害が出ていない茨城県筑波山麓のクリ園を調査した。茨城県は古くからのクリ産地で、規模の大きいクリ園が平野の中に点在しており、産額も多い。この地域は関東ロームといわれる比較的やわらかい火山灰土壌で、表層に有機物を含んだ土がのっている。クリの木は西日本のものより、大ぶりでのびのびと育っており、樹間に溝を掘って、ブタのし尿を流し込んだところでも、クリは健全に育っていた。もっとも、数年後に行って見ると、かなり枯れていたが、クリ立枯症ではなかった。

クリ園の土と微生物

福井県内のいろんなクリ園で土壌調査をした杉本さんの報告[10]を見ると、大野市にある黒ボク土壌のクリ園は、元の地形のまま灌木を切りはらって造成した園地である。一九七七年当時クリは樹齢一二年生で、ここでは植えた木の本数に対して、生き残っている健全なものが六二・七パーセントだった。その年病気にかかったものは四パーセントで、そのうち黒根立枯病にかかっていたものは二・三パーセント、その他のものは別の原因で枯れていたという。

一方、山地をテラス状に造成した赤黄色土壌の二カ所のクリ園のうち、樹齢七年生の園では植えつけ本数に対して健全なものが五八・五パーセントだった。その年病気にかかったものは一六・九パーセントで、そのうち黒根立枯病によるものは七・七パーセントになった。樹齢一三年生のクリ園では健全なものが一九・八パーセントと少なく、その年に枯れたものは二一・二パーセントになり、大半が黒根立枯病にかかって枯れていた。

この調査結果からわかるように、樹齢の近いものを比較すると、土壌条件によってクリ立枯症の発生状態が大きく違っている。黒根立枯病は黒ボク土壌でも赤黄色土壌でも発生するが、立ち枯れの発生頻度には明らかに有意差がある。

土壌の違いを見ると、黒ボク土壌は軟らかい壌土または埴壌土で、赤黄色土壌は粘土質の埴土である。前者のpHは六・〇で中性に近く、全窒素、全炭素、陽イオン交換容量の値は赤黄色土壌に比べて高い。ただし、カルシウム、マグネシウム、カリウムなどの交換性塩基の値はいずれも低く、元の黒ボク土壌の特徴を残しており、土壌改良材があまり使われていなかったという。

一方、赤黄色土壌では全窒素、全炭素、陽イオン交換容量の値が低く、土地造成によって表土がはぎとられているため、貧栄養状態になっていた。ただし、表層の土は土壌改良資材の投入によって、pHの値があがり、交換性塩基の値も高かった。また、ここでは土壌がすこぶる固く、孔隙が少ないために、通気性や水はけが悪いという。また、杉本さんは黒ボク土壌には細根や菌根が多く、赤黄色土壌では少ないことも確認している。

この二種類の土壌の違いは根だけでなく、土の中に育つ微生物や小動物、菌などにも大きく影響していると思われた。一般に、土の中に暮らす微生物の種類や量は、未分解有機物の量と水分量によって、おおよそ決まっている。分解しにくい繊維などの炭素を含んだ有機物が多く、適度に湿っていると、カビが増える。窒素を含む分解しやすい物質が多く、湿っていると、細菌が増え、土が乾くと放線菌が増えるという傾向がある。

また、有機物が多い表面の土ほど微生物の種類も量も多く、深くなって有機物量が減るにつれて、言い換えれば土の色が明るくなるにつれて、少なくなるのが普通である。森林の土では、上から下へ向かって微生物相がかなり規則的に変化するが、畑のように人手が加わると、耕土層といわれる一定の深さまでは微生物相がかなり均質になる。

実際に土壌微生物の分布状態を調べてみると、[11] 立ち枯れの少ない黒ボク土壌では元来有機物が多く、土壌もやわらかいためにカビや細菌、放線菌の数や種類がいずれも多かった。この微生物の豊富さは、生物的緩衝能が高いことを意味しており、たとえ肥料が大量に使われても、赤黄色土壌の場合のように細菌が異常に増えるということがない。茨城県のクリ園のように火山灰土壌の場合も同様で、生の豚のし尿を流し込むなど、乱暴なことをやっても、豊富な微生物が有機物を分解するので害が出にくい。

一方、立ち枯れの発生頻度が高い赤黄色土壌のクリ園では、土壌中に有機物が少ないために微生物数が全体に少なく、地表に近いところでもかなり低い値になり、種類組成も貧弱だった。ところが、化学肥料を大量に与えたために草が茂っているクリの根元では細菌が極端に増えており、中でも窒素の変換にかかわる消化菌のグループが多くなっていた。このことは後に実験によってさらに確かめられた。このような土壌と土壌微生物との関係は、菌根菌の場合にも類似している。

クリとキノコ・菌根菌

クリも含めてブナ科に属している樹種は、ほぼ例外なくキノコと外生菌根を作って育っている。クリは他の広葉樹やアカマツなどの針葉樹と交じって生えているのが常で、人が植えない限り、純林を作ることはない。自然状態では天然林を伐採した後の、いわゆる二次林に多い木で、萌芽再生するので、生き残りやすい。

クリの菌根菌は他の広葉樹、ときにはアカマツなどの針葉樹の根に同時に菌根を作って暮らしている。実際、茨城県のクリ園に出ているキノコを集めてみると、[12]一年間に採れた種類は二一種、そのうち一八種がクリに外生菌根を作るキノコだった。そのほとんどは、コウジタケ、キッコウアワタケ、アワタケ、クリイロイグチ、テングタケ属など、ミズナラやコナラ、クヌギ、シデ、シイ、カシなどに菌根を作る種類だった。ただし、他の広葉樹林のキノコ相にくらべると、菌根菌の種類は明らかに少なかった。

ということは、自然状態ではクリ独自の菌根菌が少なく、混在する他のブナ科の樹種と菌を共有しているらしい。実際に確認したわけではないが、土の中に異なる樹種をつなぐ菌根菌のネットワークが出来上がっているのかもしれない。

この種類組成を見る限り、アカマツ林のキノコ相に比べて、やせた土壌を好む種類が少ない。クリ園で優勢だったのは、キツネタケやカレバキツネタケ、タマネギモドキなどで、いずれも本来有機物の多い肥沃な土や施肥した苗畑に好んで生える種類だった。畑同様、クリ園には常に人手が加わっているためである。

茨城県の火山灰土壌のクリ園では、キノコの種類や子実体本数も多かったが、福井県の赤黄色土壌のクリ園では、全体に種類も本数も少なく、茨城県に比べるとキノコ相が貧弱だった。

アカマツ林の場合は、やせたところほど菌根菌の種類が多く、有機物がたまって土が肥えるにつれて、種類や本数が減るのが常で、広葉樹林の場合と対照的である。広葉樹林の場合は、菌根菌の多くが落葉のたまったA_0層に暮らして菌根を作る性質を持っているからである。このように、樹種によって共生する菌の種類が決まっており、宿主が肥えた土を好む場合は菌のほうも肥えた土を、やせた土を好む場合はやせた土を好む菌が随伴しているのである。また、同じ樹種でも、育っている土の違いによって、菌根菌の種類が変わることがあるので、話がややこしくなる。

本当にそうだろうかというので、栽培試験で確かめてみることになった。ガラス板をはめた大きな根箱（根の成長を見るためのケース）に黒ボク土と二種類の赤黄色土をつめて、クリを植え、根と菌根ができる様子を見てもらった。

杉本さんの測定結果によると、[10]黒ボク土では赤黄色土にくらべて根の量は多少多くなったが、根の成長周期には変化がなく、形もさほど変わらなかったという。しかし、菌根のでき方は著しく異なっており、黒ボク土では一本あたり七・四グラム、二種類の赤黄色土では〇・三と〇・五グラムになった。また、黒ボク土ではタマネギモドキの白い菌根がもっとも多く、赤黄色土ではキツネタケの茶色の菌根が多かったという。これで野外調査の結果が実験的に証明されたことになった。菌根から見ても経験的に知られていたように、やせた赤黄色土地帯はクリ栽培の適地ではなかったのである。

菌根菌と立枯症発生との関係を見るため、一九七九年の梅雨季に福井県内の山裾にある健全なクリ園と立枯症の激害地、微害地、栽培方法の違う園など、数カ所で同時にキノコを採集し、表層土壌にある菌根の量を調べてみた。

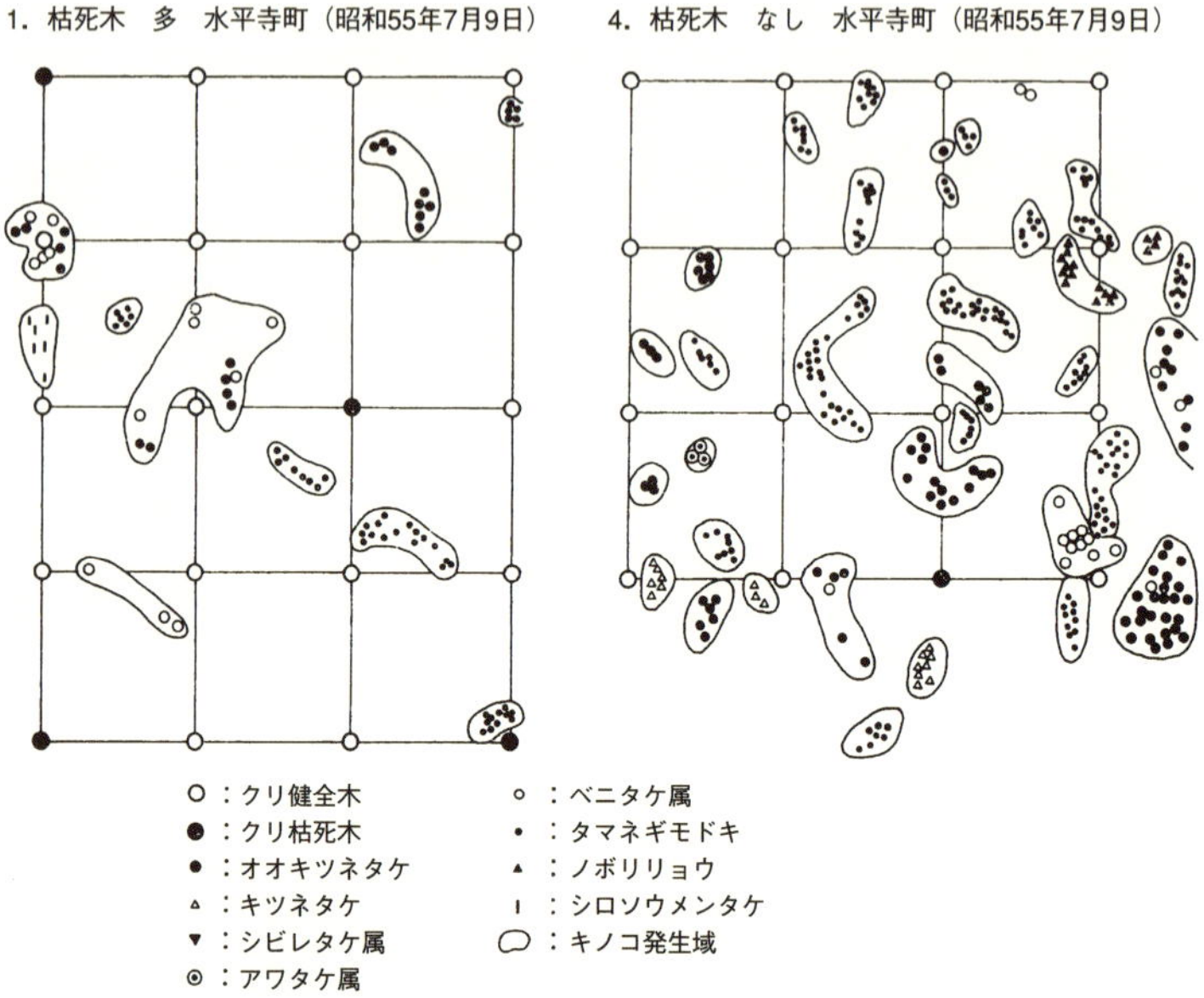

図3-2　クリ園における発生状態
枯死木が多い（左）、枯死木がない（右）。1980年。今、これほど多種類のキノコが出るクリ園はない

すると、立枯症の発生がないクリ園ではキノコの種類や量が多く、土壌中の菌根の頻度も高かったが、激害地では健全そうに見える木の周りでもキノコが出ていなかった。もちろん菌根の頻度は低く、先が黒く腐った細根が多かった。また、立枯症が出始めた微害地では菌根菌の種類が偏り、肥料を大量に使っている園ではタマネギモドキとカレバキツネタケが増え、アワタケやベニタケ属、テングタケ属などは少なかった。

さらに詳しく見るため、立枯症が出ている赤黄色土のクリ園と立枯症が出ていない黒ボク土壌のクリ園に一〇メートル四方

表3-1　クリ園に発生するキノコの種類と菌根菌の生態的特徴

菌の種名　？：まれ	クリ苗に多い	菌根菌	菌糸の形態	菌根の形		菌鞘の色	キノコの発生	その他
コウジタケ	○	○	菌糸束	外生	樹枝	黄白色	群生	一般的ではなく、単木的に菌根を作る
アワタケ	◎	○	〃	〃	〃	黄色	〃	
キッコウアワタケ		○	〃	〃	〃	〃	〃	
クリイロイグチ？		○	〃	〃	〃	〃	孤生	
Cenococcum graniforme	◎	○	菌糸	〃	こん棒	黒色	子実体なし	化成肥料多肥で多い
キツネタケ	◎	○	〃	〃	〃	茶色	群生	若い樹に多い
オオキツネタケ	◎	○	〃	〃	〃	〃	〃	老化した園に多い
ヒメキツネタケ？		○	〃	〃	〃	〃	〃	
アセタケ属	○	○	〃	〃	樹枝	白色	〃	
ベニタケ属	○	○	根状菌糸束	〃	〃	〃	孤立	一般的でなく、菌によって多少がある
チチタケ属		○	〃	〃	ふさ	〃	〃	
ツルタケ、オオツルタケ		○	〃	〃	〃	〃	〃	
ツルタケダマシ？		○	〃	〃	〃	〃	〃	
ガンタケ		○	〃	〃	樹枝	〃	〃	
テングタケ属		○	〃	〃	〃	〃	〃	
タマネギモドキ	◎	○	〃	〃	ふさ	白銀色	群生	窒素の多い園に多い
シロソウメンタケ	◎	○	菌糸	〃	樹枝	白色	〃	
ノボリリュウ			〃				〃	
アイゾメシバフタケ			菌糸束				〃	
チャワンタケ	○		菌糸				〃	

の枠を作って、その中に生えるキノコの位置を図面に落としてみた。

すると、明らかに立枯症の発生園ではキノコの種類と子実体の数が少なく、カレバキツネタケが優勢で、生きている木の周りだけにキノコが出ていることがわかった。一方、立枯症のない園ではキノコの種類や本数が多く、キツネタケやタマネギモドキが優勢になる傾向が見られた。同じ場所で菌根の量を量ってみると、立枯症が発生した園ではクリの細根と菌根が異常に少なく、腐った根が多かった。反対に立枯症のない園では菌根も細根もともに多かった。この差はかなり大きく、その後ここで調べてもほぼ同じ状態が見られた。これらの結果から、菌根や菌根菌の減少と立枯症との間には相関関係があると予測できた。

その後、いろんな状態のクリ園を見て歩いた経験から推して、キノコから見た診断基準は次のようなものになる。

「木が若い間にキツネタケやシロソウメンタケ、アセタケ属などのキノコが多いと健全。木が大きくなるにつれてキノコの種類が増え、ベニタケ属、テングタケ属、アワタケ、コウジタケ、タマネギモドキなどが多くなるが、これらの種類が多い間は健全。一方、施肥量が多すぎると草が茂り、カレバキツネタケやキツネタケ、タマネギモドキなどが優勢になると危険。窒素肥料に強いカレバキツネタケだけになると、一、二年の内に立枯症がまん延する」

このように、マツ林の場合同様、キノコの種類や発生状態から、クリの場合もその健全さ、すなわち根の状態を診断することができるのである。

では、菌根菌が消えて根がむき出しになると、どうなるのだろう。当然根の周りには無数の微生物がいて、根が弱るのを待ち構えているはずである。年間を通じてクリの根と菌根から微生物を分離培養して、その動きを追ってみると、根の周辺でキノコや根圏微生物が交替しながら活発に働いているのがよくわかった。

冬の間休んでいた根は雪が融けるころから動き始める。まず、太くて若い根、主根が三月上旬に伸びだし、五月に入るころから細根、すなわち側根が盛んに出る。この新しい根にキノコの菌糸がついて菌根ができるので、六月にかかるまでは菌根が比較的少なく、夏に多くなるのが普通である。菌根の量が増えるとキノコが発生するが、秋に出終わると栄養を使い果たすので、一一月には菌糸も菌根も減ってしまう。

クリの根に菌根が少ない間は根圏微生物が増えるが、菌根ができ始めると、菌根周辺の微生物数が減る傾向が見られた。たとえば、タマネギモドキの菌根では細菌とカビの量が多く、カビの種類も多かった。アワタケとクリイロイグチでは細菌もカビも少なく、根圏微生物を抑える効果が大きいと思われた。チギレハツタケやテングタケ属の菌根では細菌は多かったが、カビは少なくなるようだったなど、その関係はかなり複雑だった。ただし、菌根の種類によって微生物のつき方が違っており、キノコの種類によって根を守る力が異なるのは確からしい。

病原菌の発見

杉本さんによると[10]、クリの枯死が福井県で発見された一九六六年当時は、まだこの病気を記載した文献がなかったので、一九六九年から「クリ立枯症」と呼ぶことにしたそうである。そのうちクリ栽培が盛んな茨城県でも、よく似たクリの急性枯死が見られるようになった。そこで茨城県の土井憲さんらが、一九七〇年に「クリのポックリ症状（仮称）について　第一報[8]」を出し、この病気と根の枯死やその原因について報告した。さらに、一九七二年に「クリのポックリ症状について」という報告[13]を書き、「クリポックリ症」という名称を提案した。ちょうどそのころ、ぽっくり死ねる「ぽっくり病」という言葉が世の中にはやっていたせいらしい。

クリ立枯症では地上部に病原菌や害虫による加害が見られず、症状が出た時には、すでに根の先端から黒く腐っている。そのため、早くから根に原因があると考えられていた。

このことについて、病気の再現を試みた杉本さんの面白い実験がある[10]。ポットにきれいな土を入れて、それに病気が出た場所の土、腐った根、両方混じったもの、病気がない場所の表土を、それぞれ真土と混ぜて、クリの種子をまいて育てた。一年目には病気の土と腐った根を混ぜたポットで葉が黄色くなり、四年目には、どれも一本ずつ枯れた。その症状は黒根立枯症にそっくりだったそうである。

枯死するまでに四年かかっているが、病気の土や腐った根を入れたポットでは早くから葉の色が黄色くなり、根も黒くなっていた。一方、きれいな土を入れたポットでは根も健全だった。このことから、病原菌の存在は明らかだが、病原性が弱く、病原菌だけが枯死の原因とは考えられず、複数の要因によると、杉本さんは結論づけている。

また、罹病した木から近いところに生えている木に伝染しやすいことや、発病した跡地に改植すると高い率で枯死することから、伝染性の病気である点にも気づいていた。しかし、後にクロールピクリンによる土壌消毒で病気の発生抑制を試みたが、これには効果がなかったので、病原菌の単独犯行とはいい難いともいっている。

一方、石川県立農業短期大学や石川県農業試験場では、植物病理学の専門家たちによって根腐れの原因になる病原菌を探す研究が行われていた。その結果、一九七五年ごろ石川農業短大の大石親男さんらが腐ったクリの根に*Macrophoma*属の柄子殻を発見して報告した[9]。さらに、この菌を接種して病気を起こさせ、立枯症の病原菌であることを証明した[9]。

ただし、立枯症の木の根から常に*Macrophoma*が検出されるとは限らず、この菌だけでクリが急激に枯れるというほどではなかったので、他のものについても調べることになった。その結果、一九七八年になって*Didymosporium*という病原菌が発見されて、その病原性も証明されたが、[14]これも病原性が弱く、立枯症を病原菌だけのせいにするのには無理があった。なお、福井県でも同様の菌が腐った根から分離されている。

その後、これらの菌を既知種と比較した結果、いずれも新種であることがわかり、それぞれ*Macrophoma castaneicola*、*Didymosporium radicicola*と命名された。なお、これらの菌が根に感染すると、根の表面が黒く変色して腐るので、「クリ黒根立枯病」と命名したという。[15]また、この腐った根から土壌線虫の一種が検出され、これが枯死に関係するのではとも言われたが、病原性は認められなかった。

多くの場合、植物病理学的な調査研究は病原体がわかれば終わりで、後は薬剤などで病原体を退治し、まん延を防ぐだけである。誘因になる環境条件や品種、台木などに関する検討は、いつの間にか忘れられてしまう。

杉本さんは、[10]さらに実験を重ね、病気にかかった木から穂木を取って実生の台木に接いでも病気が出ないことから、ウイルスによるものでないことを明らかにした。また、実生苗と接ぎ木苗を病気が出た跡地に植えたところ、五年後にはいずれも枯死したので、接ぎ木による不親和性が原因ではないともいう。菌の感染には品種もある程度関係しているようだったが、詳しいことはまだわかっていない。

では、病原菌はどこにいるのだろう。先の実験で、立枯症が発生した園の土壌や腐った根に病原菌がいることは確かだが、これらの菌が自然状態で何をしているのかという点については不明である。自然地形のまま、雑木を切り払ってクリを植えると、山を削って造成した場合に比べて、クリ黒根立枯病の発生率が明らかに低い。この二種類の病原菌は日本在来の種と思われるが、山に自生しているクリを集団枯死に追い込んだという例もない。ということは、菌根菌も含めて微生物の種類や量が多い自然土壌では、牽制されて動けなくなっているとしか考えられないのである。

さらに、病原菌が感染すると、なぜ枯れるのだろう。樹木の生命は根の先端から葉や芽の先まで続いた無数の水の柱で維持されている。この水柱が切れると、部分から全体へと枯死が広がる。要するに導管が空気や物質で詰まったり、細胞壁が壊れたりすると、死んでしまうのである。

病原菌が組織や細胞内に侵入すると、その繁殖を防ぐために植物体が作り出すものがある。その一つがチロースで、病気にかかったクリの根や幹にもチロースという粘質物が形成されている。自分の体を守るつもりが度を越して、水の通りを悪くするという結果になっている。ただし、この物質は衰弱の結果であって、枯死の原因ではない[10]。

もし、根の先端を腐らせる菌が、木の細胞を殺して全体を枯らすほどの毒素を持っていたとしたら、抽出できるはずだが、それは見つかっていない。杉本さんによると、水抽出物には出ていないという。クリに限らず、果樹やマツ、ナラ類などが枯れる場合も、残念ながら、いつも最後の詰めが曖昧なままである。

菌根菌と病原菌の争い

もし、菌根の形成が病原菌の感染を抑制しているというなら、それを証明する必要がある。そこで、この二種類の病原菌を分けてもらって、菌根菌との競合、いわゆる拮抗作用を見ることにした。実験の担当は、当時筑波大学の院生だった柴田尚さん（現山梨県林業試験場）だった[16]。

クリに菌根を作るキノコは、いずれも分離培養が難しく、タマネギモドキとシーノコッカムという黒いカビだけが培養できた。この二種の菌はクリが枯れ始めるころに多い菌で、あまりいい材料ではなかったので、マツに菌根を作るアミタケやチチアワタケ、ヌメリイグチなども加えて実験してもらった。

シャーレに入れた寒天培地に病原菌と菌根菌を並べて対峙培養してみたが、菌根菌が病原菌を抑えるケースはほとんどなく、むしろ菌根菌がいると、病原菌の成長が良くなる場合があった。他の例でも、菌根菌が直接病原菌の成長を抑えることはない。

そこで、クリの若い苗を殺菌土壌で無菌的に育て、それに菌根菌と病原菌を同時に接種してみた。まず、手始めに二種類の病原菌をそれぞれ接種すると、*Didymosporium radicicola* では苗が枯れなかったが、*Macrophoma castaneicola* では枯れるものが出た。また、これらの二種類をいっしょに接種すると、枯れる苗が増えた。このことから *Macrophoma castaneicola* に弱い病原性があることは確かだった。ただし、キツネタケが自然に感染して菌根を作ると、根の変色が少なく、苗が枯れなかったので、菌根菌には予防効果があるらしい。

この無菌苗にタマネギモドキとシーノコッカムを単独接種すると、菌根がよくできて、苗は枯れなかった。また、病原菌と菌根菌の組み合わせを変えて、等量ずつ接種しても、全体は枯れなかったが、*Macrophoma castaneicola* を接種した場合には根の枯死が目立った。おそらく、時間がたつと枯死したかもしれない。

菌根菌がつくと、根と菌の相互作用によって抗菌物質が分泌され、それが病原菌を抑えるのかもしれない。ただし、その働きは弱く、病原菌が繁殖できる条件がそろうと、菌根菌が追い出されるようである。おそらく、病原菌が菌根菌を直接追い出すのではなく、たとえば化学肥料のやりすぎで細菌が増え、菌根菌がいなくなると、病原菌が繁殖すると考えたほうがよさそうである。

雪の多い地方では雪融け時に植え穴に水がたまり、それが根を腐らせる原因になるのではと思われたので、菌根と水との関係を見ることにした。殺菌した真土を入れたワグネルポットにクリの苗を植えて、芽生えが大きくなり出したころにタマネギモドキとキツネタケ、オオキツネタケの胞子をまいて、三種類の菌根をつけた苗を作った。同時に対照として菌根のない苗を準備した[16]。

ちなみに、菌根菌の種類によって、苗の成長に対する効果が大きく異なった。苗の高さや重量の差が最も大きく、根と菌根の量が多くなったのはタマネギモドキだった。オオキツネタケとキツネタケの場合、苗は小さかったが、無接種に比べて葉の枚数が多く、細根と菌根も多かった。他の植物の例でも、接種実験によってよく知られているように、菌根菌の種類によって成長促進効果が大きく異なるのが普通である。

次にポットの底に栓をして上まで水をはり、三カ月間、時々水を足しながらガラス室に置いてお

写真3-3　タマネギモドキの菌根がついている健全なクリの根

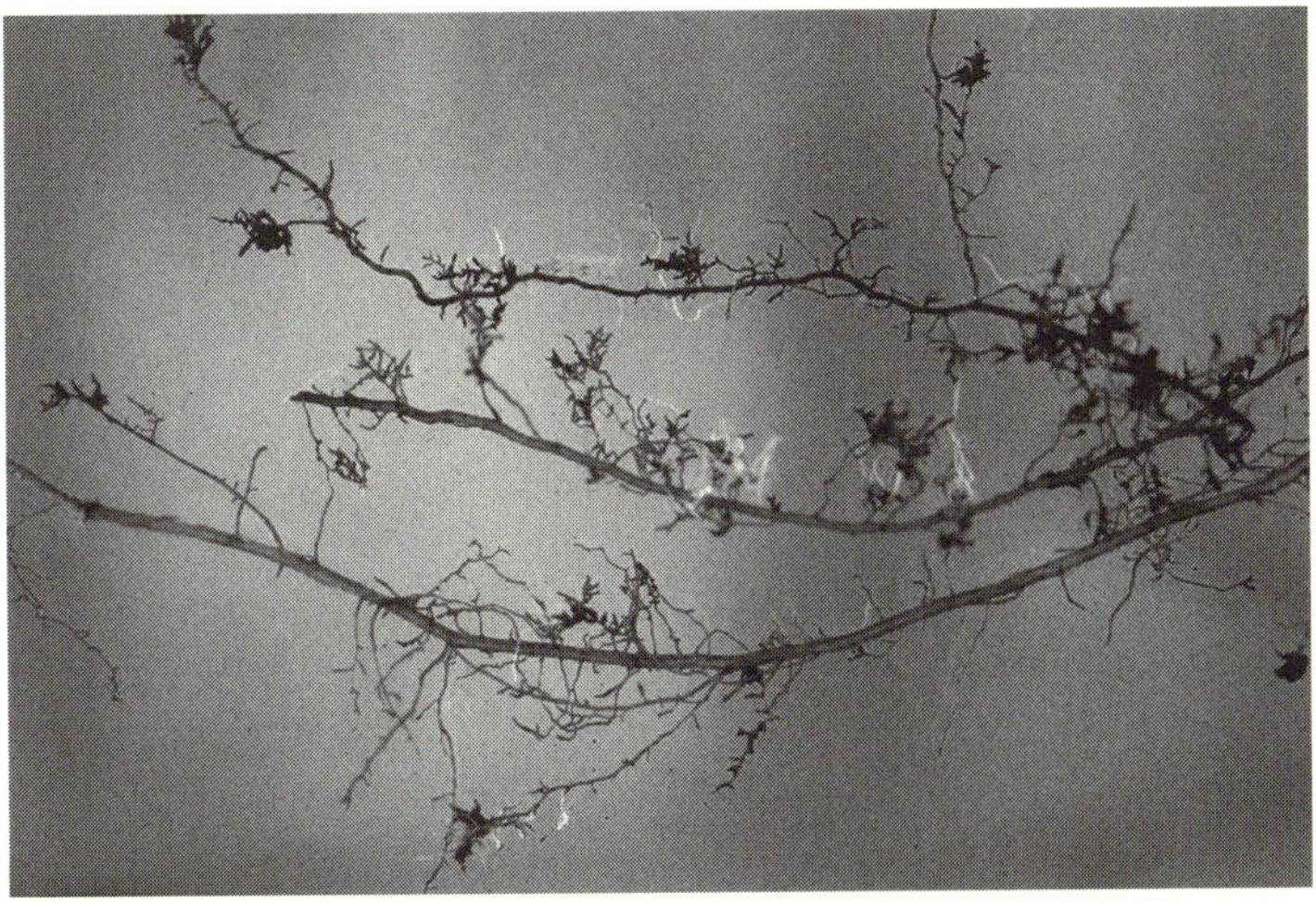

写真3-4　衰弱しはじめたクリの根。菌根が消えて、細根が腐っている

表3-2　菌根菌と病原菌の競合状態。培養実験による

菌根菌	病原菌 Fusarium Oxysporum MA	*Fusarium Oxysporum* SM	*Didymosporium sp.* MA	*Didymosporium sp.* SM	*Macrophoma sp.* MA	*Macrophoma sp.* SM
Suillus bovinus	I	I	A	A	N	P
S.granuratus	I	I	A	A	I	P
S.luteus	*	I	A	A	N	P
Cenococcum graniforme	I	N	N	N	N	P
Suillus grevillei	N	I	A	A	N	P
Lyophyllum cinerascens	I	I	A	A	N	N
Phylloporus rhodoxanthus	N	N	N	N	I	*
Scleroderma cepa	N	I	A	A	*	P
Amanita muscaria	I	N	A	N	I	N

［注］I：菌根菌が病原菌を抑える　A：菌根菌が病原菌に抑えられる　P：菌根菌が病原菌の生長を促す
N：相互に影響がない　*：菌育たず
MA：マルツアガー培地
SM：合成培地

いた。すると菌根のない苗は、ひと月もたたないうちに早々と根が腐って枯れてしまった。キツネタケとオオキツネタケの菌根をつけた苗は、しばらく生きていたが、二カ月後に枯死した。タマネギモドキの場合は三カ月たっても、かろうじて生きていた。タマネギモドキの菌根は水の中で銀色に光っており、菌糸が水の中の溶存酸素を吸収して根に送るらしい。水の中で窒息した根は黒くなって腐っていたが、これは黒根立枯症によるものではない。

反対にまったく水をやらずに置いた場合は、菌根のないものがいち早く枯れ、オオキツネタケ、キツネタケ、タマネギモドキの順に枯れていった。枯れる時期は遅れたものの、菌根がついた苗も二カ月後には、すべて枯れてしまった。この簡単な実験から菌根菌が植物の水分吸収に大きな役割を果たしており、菌根菌が土壌水分の過不足を調節する役割を果たしていることは明らかである。

写真3-5　クリの実生菌に3種の菌根菌を接種。
左から、キツネタケ、タマネギモドキ、オオキツネタケ、対照（菌根なし）

写真3-6　タマネギモドキの子実体と菌糸束（基部についている白い糸）

肥料との関係

キノコの出方を見ていると、やせた土に肥料を大量施用した場合に被害が激しくなるようだったので、実際に圃場で調べてみることにした[11]。福井県農業試験場構内の赤黄色土の畑に窒素、リン、カリの入った高度化成肥料（N:P:K=12:8:1）をまいて、クリの成長量や土壌成分の変化を追跡している試験区があった。この施肥試験は一九七六年にスタートしたが、幼木期とされる三年間は施肥量を抑え、成木期に入る一九七九年から施肥量を増やすように設計されていた。したがって、試験区に植えられたクリは、調査を開始した一九八〇年には五年生で、立枯症が発生し始める樹齢に近づいていた。

樹齢三年時、一九七九年の施肥量は、多肥料区で一〇アールあたり一二キログラム、中肥料区で半量の六キログラム、少肥料区で一・二キログラムになり、以後毎年、多肥料区で四キロ、中肥料区で二キロ、少肥料区で〇・四キロずつ増やして施肥する予定だった。

この試験区の中から、多肥料区と中肥料区、少肥料区をそれぞれ一区ずつ選んで、土壌微生物相とそこに発生するキノコを調査することにした。なお、調査を始めた一九八〇年当時は、施肥量の違いによって幹や枝に変化が見られ、葉の茂り方にも差が出ていたが、まだ立枯症は発生していなかった。

一九八〇年の春に肥料をまいて、夏に土壌微生物を分離培養してみると、大きな違いが現れた。表土では、施肥量に比例して細菌数と放線菌数がともに多くなった。逆に、カビは多肥料区で少な

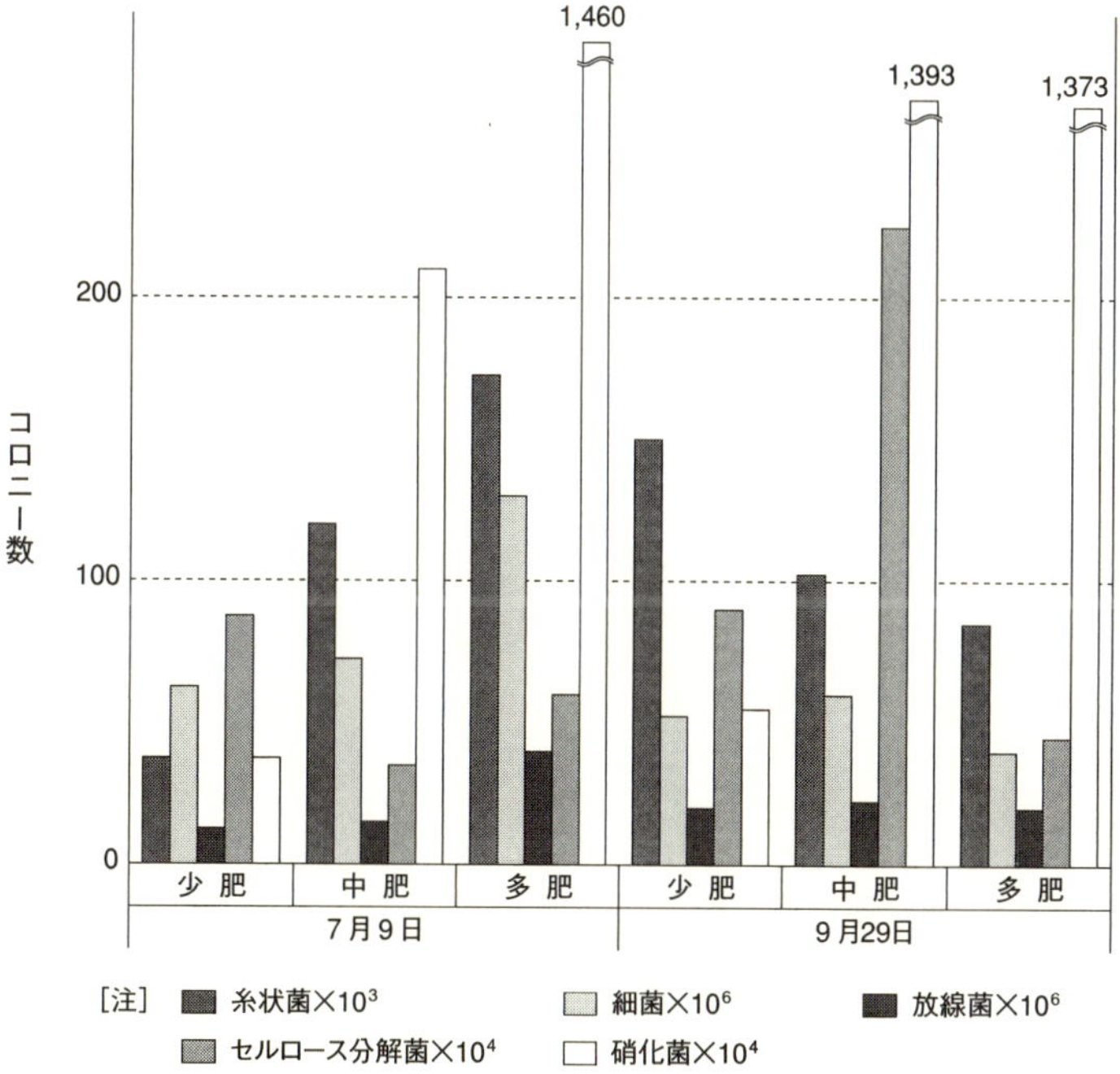

図3-3　施肥量の違いと土壌微生物。7月と9月。施肥量が増えると、硝化菌が増える。

く、中肥料区で多かった。一方、根圏の微生物数はいずれの場合もほぼ同様の傾向を示した。ただし、幼木期の土壌微生物相についてはデータがない。

一年後の一九八一年夏には、微生物相の差がもっと大きくなり、施肥量に比例してカビ、細菌、放線菌がともに増加し、硝化菌グループが増えていた。セルロース分解菌は草の根を分解するため、雑草が茂るのにつれて増加し、肥料の量にきれいに比例した。ところが、九月になると、この傾向が大きく変わり、カビの数は施肥量に反比例し、細菌と放線菌数は全体に減少した。ただし、セルロース分解菌は中肥区で増え、多肥区で減少したが、硝化菌は中・多肥区で増加した。一般に土壌微生物の数や種類は季節によって変化しやすく、日本では温度の低い冬に少なく、温度が上昇して雨量が多くなる梅雨から夏にかけて増加し、また秋には減少に転じるのが常である。

一九八二年にも同様の調査をしてみたが、年ごとに施肥量を増やしたにもかかわらず、微生物の種類は変化したが、数はカビ、細菌、放線菌ともに施肥に関係なく、次第に安定してきた。ただし、硝化菌の数は施肥量に比例し続けた。

このことから、肥料を増やした直後には、微生物相に一時的な変化が表れるが、時間がたつにつれて安定した値に近づくのがわかる。これらの微生物の中で、最も問題になるのが施肥量に比例して増え続けたセルロース分解菌と硝化菌のグループである。

やせた土に尿素やアンモニア態の窒素が加えられると、それを酸化する硝酸化成菌のグループが働いて、亜硝酸から硝酸へと変化させる。そのため、尿素や硫安のような窒素肥料が過剰に施肥されると、このグループの細菌が異常に増殖して亜硝酸や硝酸塩がたまり、菌根菌が追い出されることになる。特に亜硝酸は毒性が強く、菌糸の成長を阻害することがある。また、硫安などから出た硫酸イオンが増えると、土壌中のアルミニウムが溶けて、植物の根に害を及ぼすことも考えられる。

さらに、窒素肥料が多いと草が生い茂り、土の中に草の根や葉の繊維がたまって、その結果セルロース分解菌が増えることになる。植物の根を攻撃する病原菌の多くは本来有機物を分解する腐生菌なので、自然に*Macrophoma castaneicola*や*Didymosporium radicicola*も増えることになった

表3-3　クリ園における施肥量とキノコの出方の関係

	少　肥　12　区				中　肥　6　区		多　肥　5　区	
コウジタケ	− − −	− − −	− − −	− − −	− − −	− − −	− − −	− +
オオキツネタケ	+ − −	− − +	− − −	− − −	− − ++	+ + −	++ − ++	++ −
キツネタケ	++ +++ ++	++ ++ +	++ ++ ++	+++ +++ +++	+ ++ −	− + ++	− ++ ++	++ ++
Inocybe sp.	+++ ++ ++	++ + ++	− − −	− − −	− + +	++ − −	− − −	− −
シロソウメンタケ	− − −	− − −	− − −	− − −	− − −	− + −	+ + −	− −
タマネギモドキ	− − −	− − −	− − −	− − −	− − −	− + +	++ + +	− ++
Russla sp.	− − −	− − −	− − −	− − −	− − +	− − +	+ − −	− −

［注］少肥 1.6kg／10アール／年、中肥 8kg／10アール／年、多肥 16kg／10アール／年

肥料が少ないと、特定の種類が増える。肥料の量が多くなると、窒素を好む菌が増え、次第に種類も多くなる

のかもしれない。やせた土であればあるほど、このような微生物の変化が急激で大きいために、病気にかかる危険性も高くなったのだろう。

この試験区で初夏と秋に出るキノコを採集・記録したが、一九八〇年は施肥量が異なる区の間にさほど大きな差が見られなかった。しかし、一年たつと、キノコの種類と量が明らかに変わり始めた。少肥料区ではキツネタケとアセタケ属のキノコが圧倒的に多く、中肥料区ではキツネタケ、アセタケ属、シロソウメンタケ、タマネギモドキ、ベニタケ属、カレバキツネタケがまばらに発生した。多肥料区ではカレバキツネタケとキツネタケ、タマネギモドキが多く、コウジタケ、シロソウメンタケ、ベニタケ属も少量発生した。

この種類組成に現れた違いは、クリの木の大きさ、言い換えれば樹木が菌を養う力と関係している現象である。少肥料区では養分が少ないために木が小さく、菌根菌を養う能力が低く、菌の種類が増えていない。一方、肥料を十分もらった中肥料区と多肥料区では木の成長が良くなり、葉も茂って養うキノコの種類数も増えたようだった。しかし、これも一時

的なことで、二年目には菌根菌の種類も発生量も減り始め、一定量の土から採取した菌根の量も施肥量に反比例して減少した。

施肥量が増え続けているために、一九八二年以降はすべての区で菌根菌の発生量が減り、カレバキツネタケが優勢になったが、多肥料区ではそれもほとんど見られなくなった。一九八〇年に多肥料区に出ていたキツネタケやアセタケ属、ベニタケ属、コウジタケ、シロソウメンタケなどはいずれの区でも姿を消し、タマネギモドキとカレバキツネタケだけがわずかに残っていた。

土壌中の根の広がり方を見ると、クリの根は肥料がまかれた範囲に集中しており、菌根の量が著しく少なく、黒く腐った根が増えていた。根は肥料の多いところに引き寄せられるが、キノコの方がついていけないように見える。このように与えられる肥料の量が、一定値を超えると、窒素が飽和状態になり、菌類相に影響が出るものと思われた。なお、この年初めて中肥料区に立枯症が現れた。杉本さんによると、その後病気が試験区全体に広がったという。

くどいようだが、本当にこうなるのかと思って、ポットに火山灰土壌を入れて育てたクリの苗に施肥してみた。先のものと同じ高度化成肥料を与えると、苗はよく成長したが、菌根はできなかった。尿素肥料をやると、タマネギモドキの菌根だけになった。一方、窒素の少ないワラ堆肥や過リン酸石灰だけを与えると、地上部の成長は悪かったが、数種類の菌根が形成された。さらに、菌根が十分ついている苗を選んでポットに植え、同じように施肥すると、一年後にはほぼ同様の傾向が現れた。どうやら、クリは化学肥料、中でも窒素肥料が苦手らしい。

これらのことから、以下のことが言える。クリの木に肥料を与えると、根が一時的に増え、二〜

三年の間は施肥効果が見られる。木の成長につれて菌根も増えるが、毎年肥料を多用すると、その累積効果によって土壌中に有害物がたまり、根を守り、養水分を木に送っていた菌根菌が姿を消し、むき出しの根に病原菌が侵入する。根が死ぬと、さらに養水分の吸収力が衰え、木全体が衰弱する。葉が茂って蒸散量が増える夏になると、生理的なバランスが崩れて急速に枯死にいたるというわけである。

これで立枯症の誘因と原因はある程度わかったように思えたが、素因については台木と穂木の問題があるので、さらに厄介である。[17] 栽培のクリは、一般に野生のシバグリの台木に、選んだ品種の穂木を接木して栽培するので、根は多分に野生的な性質を残している。とくに、クリの場合は台木に強い野生種が使われることが多いので、菌根菌との関係を重視する必要がある。A菌根の場合でも栽培植物に比べると、野生種の根は自然条件、ことに土壌や水分条件に反応しやすく、菌根菌との親和性も強いのが常である。

治す方法

研究しただけでは実際困っている人の役に立たない。そこで、福井県農業試験場では立枯症を再現して、治し方を考えようということになった。強い病原菌や害虫がわかっているときはまだしも、このように多くの要因が複雑にからみあっている場合、病気を再現せさるのは極めて難しい。そこで先に立てた枯死に至る過程を考慮して試験を重ね、対策を立てることになった。[10]

もっとも適切なのは適地の選択である。クリはやせた山土でも何とか育つので、強いと思われがちだが、意外に環境の変化に敏感である。林業で「適地適木」というように、その木にふさわしい場所を選んで植えるというのが、植林の原則である。可能な限り、適地を探し、赤黄色土地帯での大規模開発は中止してもらおうというのが、私たちの結論だった。補助金で始めた事業を中止したり、農地を放棄したりするのはかなり難しいが、その後北陸農政局では方針を変更したと聞いた。

赤黄色土のようなやせた土壌に化学肥料を多用すると、立枯症が多発する可能性が高かったので、化学肥料にかわるものを試してみることになった。大きくなったクリの根元から八〇センチ離れた位置に深さ五〇センチ、幅三〇センチほどの溝を掘り、稲ワラ堆肥、バーク堆肥、腐葉土、木炭などを埋めてもらった。

埋めてから一年たつと、根や菌根の状態に変化が表れた。稲ワラ堆肥とバーク堆肥の場合はナラタケの根状菌糸束がびっしりと広がり、ナラタケのせいでクリが枯れるのではと、心配したほどだった。ナラタケの根状菌糸束は造成する時に伐った木の切り株から来たらしい。この二つの実験区ではいずれも菌根が少なく、三年後には立枯症が発生した。ただし、ナラタケのせいではなく、水分過剰による根腐れが原因だった。

腐葉土の場合もナラタケの根状菌糸束が入ってきたが、若い根の量が多く、タマネギモドキの菌根がよくついていた。この区では立ち枯れが出なかった。元来クリやナラの仲間は地表に積もった落ち葉の層に根を広げて菌根を作るので、肥料入りの腐葉土が気に入ったのだろう。

木炭を入れると、ナラタケは入らず、クリの根が増えて、タマネギモドキと黒いシーノコッカムの菌根が多くなった。この結果から、できるだけ化学肥料の量を減らし、木炭や腐葉土のような水はけの良い資材を使うよう、奨励することにした[18]。場所を変えながら、何年か繰り返すと土壌改良の効果が出てくるはずである。今から考えると、粉炭入りの腐葉土堆肥をやるのが一番効果的だったのかもしれない。

どうしても土壌条件の悪いところへ植えざるをえない場合は、クリの苗を育てる時に菌根をしっかりつけておく。台木を育てる苗圃の土に広葉樹林から採ってきた土混じりの腐葉土か、クリの木が多い場所の山土を十分混ぜて、シバグリの種をまいて菌根の多い苗を作る。クリ園の土は絶対に避ける。また、化学肥料を与えると、菌根が消えるので、できるだけ控える。ただし、腐葉土や山土を使うと菌根の種類は増えるが、病原菌も混じる恐れがあるので、心配な場合は特定の菌根菌を接種する。まず、菌根菌の子実体を集めて水の中で砕き、胞子液を苗床にまく。いったん、苗の根に菌根ができると、菌糸が根に沿って広がるので、定植後は手がかからない。

しかし、言うのは易く、行うは難しとは、まさにこのことである。自分でやってみるとよくわかるが、腐葉土を集めるのは労力を要する大変な仕事で、木炭は値が高くて手に入りにくい。肥料を減らし、剪定を強くするなど栽培方法を変えれば、樹体は健康になるが、商品価値の高いクリが大量に採れるとは限らない。いかにクリの木が元気になっても、収入が減ればものの役に立たず、それでは農家も努力した甲斐がない。これが果樹栽培の宿命だということを、このときしっかりと教えられた。

その後、木が枯れやすい地域では諦める人が多く、クリの生産高は年を追って減っていった。そのうち、立枯症がほとんど見られなかった兵庫県や京都府の山沿いのクリ園にも同じ病気が広がり、丹波栗の産地も消えそうになった。一方、茨城県などの関東平野では立枯症が少なく、今もクリの生産が続いている。

今から思うと、本当にこのクリの立枯症は立地の選択や栽培方法の間違いだけに起因するものだったのだろうか。日本海沿いの豪雪地帯から始まって、一九八八年頃から今に至るまで盛んに枯れているミズナラやコナラ、シイなどを見ていると、心配になってきた。ひょっとすると、クリの立枯症は「ナラ枯れ」の前触れだったのではと疑いたくなるほど、その発生時期が連続している。窒素肥料のやりすぎと汚染による窒素飽和現象にも共通点が多いように思えてならない。

クリ立枯症の誘因は立地・土壌条件や気象条件、栽培方法などだった。主因は根の病原菌とされたが、それだけで枯れるほど毒性が強いわけでもなく、菌根の消失も根の黒変枯死にかかわっているように思えた。素因として浮上していたのは台木の品種だったが、台木と穂木との組み合わせや病原菌や菌根菌に対する感受性など、未解決の問題が残された。栽培植物の場合は三つの要因を人の手で回避することもできるが、森林樹木の場合、三つの要因が明らかになったとしても、どうにもならないことが多い。次章でその例を見てみよう。

第四章　広がるナラ枯れ

真夏の紅葉

二〇〇八年八月六日、加賀市主催の市民講座で「地球温暖化、［どうなる］から［どうする］へ」という演題で講演することになって、湖西線を走る特急雷鳥に乗った。大津を過ぎて比良山系の山麓にかかると、真夏というのに東斜面の上から下まで、まるで紅葉したように広葉樹が点々と茶色に変わっている。おそらく、高いところはミズナラが、低いところではコナラが枯れているのだろう。一九九二年以来、毎年のように目にしているが、なんとも不気味な光景である。

十一月一日に石川県の樹木医会に誘われて菌根の講義に行ったとき見たら、枯れはますます広がり、マツ枯れとあいまってすさまじいばかりの勢いだった。そのとき車中で書いたメモに「山科でマツ枯れ激しく、コナラ一本枯れる。大津からコナラ枯れ始める。すでにマツはない。スギも枯れる。堅田でナラ枯れ点在。マダケの集団枯れも点々と見えるが、これは手入れ不足のせいか。比良山の東斜面でナラ類が茶色になり、昨年枯れたものは葉が白い。健全なものはまだ紅葉せず。これほど多種類の木が枯れる風景を見たことがない。枯木も山のにぎわいどころの騒ぎではない。湖岸のスギの頭が丸くなり、平地のスギが全体に衰弱。マツが全滅した後の二次林が、またしても枯れるという連続枯死現象である。ナラ枯れは堅田から今津の間が、とくにひどい。これより以北は数年前に通り過ぎて、枯れるナラ類がすでになくなっている。またマダケの枯れが目立つ。建ちならぶ新興住宅団地の裏山のマツやナラが枯れているのは、人の行いが自然を壊している象徴のように見える」云々。

一九九五年ごろから出かけるたびに地元の人に「この辺で広葉樹が枯れていませんか」と聞くことにしている。初めのころは怪訝な顔をしている人が多かったが、最近はすぐ返事が返ってくる。「家の裏山で」「町の公園で」「この間ドライブしたとき」などなど、都会でも地方でも木が枯れているという訴えが増えている。

調査を始めた一九九二年ころは、被害地がスキー場のある雪の深い標高の高いところに限られていたので、雪との関係が気になった。しかし、そのうち雪の少ない平地にも被害が出るようになり、雪がほとんど降らない太平洋岸沿いにも広がってしまった。

京都府の宮津市や舞鶴市などでは海岸沿いの山や平地だけでなく、市街地の周辺でも茶色くなったコナラが見られるほどになってきた。京都市でも東山や伏見稲荷の山でシイやコナラが枯れている。京都府の大江山や福井県の敦賀近辺から北陸線の沿線や兵庫県の国道九号線沿いなどでは、ナラの類がほとんど姿を消してしまい、一見何事もなかったかのようである。

被害の出る範囲が広がっただけでなく、次第に枯れる樹種も増えている。現在枯れている樹種は、耐性に強弱はあるが、ミズナラ、コナラ、カシワ、クヌギ、アベマキ、クリ、アカガシ、シラカシ、ウラジロガシ、ウバメガシ、アラカシ、マテバシイ、スダジイ、ツブラジイなどに及んでいる。[1]私の見た限りでは、ミズナラ、コナラ、アカガシ、ウラジロガシなどは枯れやすく、イヌブナやシデの仲間は虫がついても抵抗しているように見えた。

後に触れるように、今枯れているこれらの樹種はいずれもブナ科に属し、根にキノコと外生菌根を作っている樹種ばかりである。そのため、クリの場合同様、キノコや菌根の消失と根の枯死、根の腐りと水分吸収力の低下、さらには立ち枯れへという一連の流れが気になる。

ポーランドからの客

一九九一年の一一月ごろ、ある商事会社からポーランド人の訪問客を連れて行きたいという連絡があった。そのころは筑波の森林総合研究所から新しい研究所を立ちあげるために大阪へ移ったばかりで、まだ研究所もない状態だったので、ポーランド人が泊まっているホテルへ出かけた。ホテルのティールームに現れたのは女性一人と男性三人、日本人の案内兼通訳の人と総勢五人だった。年配の女性は国立林業研究所の所長で、他は研究員と行政機関の人である。

彼らが日本を訪れた目的は、松くい虫の防除対策やマツ枯れの研究内容を知りたいというものだった。しかし、林野庁や森林総合研究所を訪ねても、マツノザイセンチュウと薬剤による防除の話ばかりで、樹木衰退の現状や予防、植生の回復方法などを教えてくれる人がいなかった。そこで、「誰か樹木の衰退について詳しい人はいないか」と聞いたら、誰かが「最近退職して大阪へ行った人が異説を唱えている」と教えてくれたそうである。

「それで、わざわざ大阪まで足を運びました」というので、時間をかけて、マツの枯れは土壌の富栄養化による菌根の消失と根の腐りの拡大が誘因になっているらしいという説明をした。すると、彼らは「ヨーロッパでも同じことをいう人たちがいる。まだ因果関係ははっきりしていないが、自分たちもマツについては、かなり当たっていると思う」という。さらに「ポーランドでは、それよりもむしろ酸性降下物による土壌汚染の影響が大きいのではないかと考えている」と言いだした。私も最近のマツの枯れ方が、以前と違って無差別攻撃に変わっており、若い小さな木や落ち葉のない場所でも枯れているので「それは十分考えられる」と答えた。

話の途中で「これを見てほしい」といって、英文で書かれた政府刊行のパンフレット[2]をとり出した。その中に森林衰退のことが書かれていたが、モミ属やトウヒ属の針葉樹林の衰退は一九五〇年代に始まり、枯れの拡がり方は日本のマツの場合とそっくりである。このまま森林の衰退が進むと、一九五〇年代に国土の七〇パーセントを覆っていた森林が、二〇一〇年には三分の一に減ってしまうという予測が書かれていた（第五章161ページ図5-1）。

感心して読んでいると、「ポーランドでも穿孔虫やナラタケなどによる加害が見られるが、それは結果であって原因ではない」と研究所長が断言した。さらに「間違いなく、東ドイツから来る酸性降下物が原因だ」と強調する。というのも、「ポーランドの森林衰退は西から東へ拡大しており、自分たちの研究結果から、樹木が枯れる原因は広域の大気汚染とそれによる土壌の酸性化やアルミの溶出、土壌中への有害物質の蓄積などであるという結論が出ている」と熱心に話してくれた。「汚染物質を出している場所は、ポーランド国内の工業地帯というより、むしろドイツとの国境地帯だ。特に、東ドイツが国境に近い火力発電所で悪い石炭を焚いたためだ。あの安物のトラバンドも悪い」と他の人が息巻いていた。

事実、東西ドイツが統一されるまで、東ドイツでは石炭が主な燃料で、火力発電所や製鉄所だけでなく、トラバンドという国産車も大量の排ガスを出していた。そのため、日本から自動車につける脱硫用の活性炭を製造する技術を東ドイツに出していたほどである。多少ドイツに対する敵対意識もあるのか「ドイツは自分の国に責任があるので、研究しているのに、森林と土壌汚染の関係を公表しない」とまでいっていた。

ヨーロッパでは、産業革命が始まった一八〇〇年代後半から、イギリスで大気汚染が問題になった。そのため、国内での被害を軽減しようとして、工場の煙突を高くしたところ、ノルウェーやスウェーデンで樹木が枯れたという経験がある。最近の中国や韓国などから来る越境汚染を見ても、大気汚染に国境がないことは常識である。島国に暮らしているためか、日本ではいまだに国内の汚染源だけを問題にして、森林衰退を論じようとする人もいるが、事態は急速に変化しているのである。

話を元に戻して、ポーランドでは一度枯れた森林に同じ種類の木を植えると、苗の状態で枯れてしまい、他の木を植えてもよく育たないと言いだした。「根の病原菌は」と聞いたら、「特定できるものはない。それよりも土壌汚染のほうが深刻で、湖や沼の酸性化も進んで、魚も減っている」という答え。確かに汚染物質は風に運ばれ、雨や雪、埃などに乗ってやってくるが、その落ち着き先は水と土の中である。水では希釈され、土には緩衝能があるから問題ではないという人もいるが、汚染は何十年も続いているのである。

「木の枯れを防ぐ方法も、森林を回復させる手立ても見つからず、お手上げの状態だから、はるばるやってきた。あなたのやっている方法をぜひ教えてほしい」という。気の毒に思って、そのころまだ自信はなかったが、日本でやっているマツ林の手入れ方法や炭の粉を土に埋めて樹勢を回復させる方法を教えてあげた。「炭の原料は余ったおが屑があるから、いくらでも作れる」「どんな大きさの炭が適当か」「炭の埋め方は」「木の種類は」「植え方は」などなど、みんな熱心に尋ねていた。もう少し言葉が通じれば、詳しく説明してあげられたのにと、今も気にかかる。

別れぎわに、「最近、東ヨーロッパの各地では針葉樹だけでなく、オークなど、ブナ科の樹木も枯れだしている。日本ではどうか」と尋ねられた。ナラやカシがキクイムシで枯れる話は聞いていたが、そのころはまだクリなどの果樹以外、日本で広葉樹が大量に枯れるという話を耳にしていなかった。「果樹は土壌病害でよく枯れるが、山の木では見たことがない」と答えた。すると「おそらく、そのうち日本でもオークが枯れ始めますよ」という。

そのときは「まさか」と思ったが、実際、このころすでにナラ枯れが始まっていたのである。私たちが調査を始めた一九九二年九月には、イタリアでナラ枯れの国際シンポジウムが開かれ、翌一九九三年には「ナラ枯れ研究の最近の展開について」というシンポジウムの講演集[3]が出ている。ちなみに欧米では「ナラ枯れ」のことを「オーク　ウィルト」または「オーク　ディクライン」と呼んでいる。日本では通称「ナラ枯れ」正式には「ブナ科樹木萎凋病[4]」という。なお、ここでは「ナラ枯れ」としておく。

霧の中から

その後、日がたつにつれてポーランド人の残した言葉が気になりだした。クリ立枯症の一件もあったので、もし枯れるなら北陸だろうと思って、当時福井県グリーンセンターの研究員だった笠原英夫さんに電話してみた。すると、即座に「たくさん枯れていますよ。うちの井上さんが以前から調べていますから」「今は葉がないし、雪が深いから、夏になったら見に来てください」という返事。早く行って見たかったが、枯れが始まるころまで待つことにした。

枯れだしたという連絡をもらって、六月の末ごろ福井県今庄町のスキー場に近い山へ出かけた。昆虫の専門家、井上重紀さんや笠原さんから説明を聞きながら、デコボコの林道を車で登っていった。雨が激しく降り、標高三〇〇メートルを超えるころから、濃い霧が出だして、先が見えなくなってきた。「この辺から枯れが出とるはずやが」といわれても、なかなか見えてこない。

坂道の途中に井上さんがいつも調査しているところがあったので、そこで車を止めてもらった。車を降りて見上げると、濃い霧のなかに葉がすっかり茶色になったミズナラが亡霊のように立っていた。そばに寄ってよく見ると、幹の下のほうに小さな孔が点々とあいていて、その孔から出た細かなフラス（虫の糞と木くずが混じったもの）が根元に白くたまっている。

井上さんによると、「一応、今んとこはカシノナガキクイムシという小さい昆虫が産卵のために幹に孔をあけて入り、そのために木が枯れるということになっとんのやが、どうもそれだけではなさそうです」という話だった。雨が上がりだすと、霧の中から葉が萎れて茶色くなったミズナラの枯れ木が次々と現れた。周辺のほかの木々は若葉が茂る時期で青々としているのに、ミズナラだけが枯れているのは異様な光景だった。これも松くい虫やクリの立ち枯れと同じように、かなり複雑な現象かもしれないとは思ったが、そのときはまだ五里霧中だった。

井上さんたちに教えてもらったり、文献を調べたりすると、ナラ類の立ち枯れは日本でもさほど目新しいことではなく、古くから九州や日本海側の山地に見られたものだった。森林昆虫の権威、故野淵輝さんによると、[5]ナラ類を加害するカシノナガキクイムシは一九二一年に宮崎県と新潟県で採集され、村山醸造さんによって同定されていたという。おそらく、このころすでに宮崎県や新潟県では被害が出ていたのだろう。

ブナ科のカシ類の枯れは鹿児島県や宮崎県でかなり古くから散発的に発生していたらしく、一九四一年には熊本営林局から日高義実さんによる調査報告書が出ている。[6]その中に当時被害にあっていたのは、イチイガシやウラジロガシ、アカガシ、アラカシ、ツクバネガシ、マテバシイなど、常緑のカシ類だったと書かれている。

当時はカシ類の木材が鉄砲の台尻や鍬などの農機具に使われていたため、伐採して萌芽更新で育てていたらしい。熊本営林局では予防のための駆除試験をしたほどで、一時被害はかなり激しかったが、しばらくすると収まったという。聞くところによると、桜島の噴煙を被った後に衰弱した木や老木が被害にあったともいう。

一九五二年ごろから、兵庫県の標高三六〇～五〇〇メートルのところにある神鍋山スキー場周辺の広葉樹林で、コナラ、ミズナラが枯れ、クリやシデ、ブナなどもわずかに被害を受けていたという。[7] 一九五四年には、また鹿児島県からアカガシやツブラジイ、マテバシイなどが枯れたという報告が出されている。一九五九年には被害が北上し、山形県でミズナラ、コナラ、クリなどが枯れたと、山形大学の斉藤孝蔵さんが報告している。[8] その中で、「同町古老の話によると、

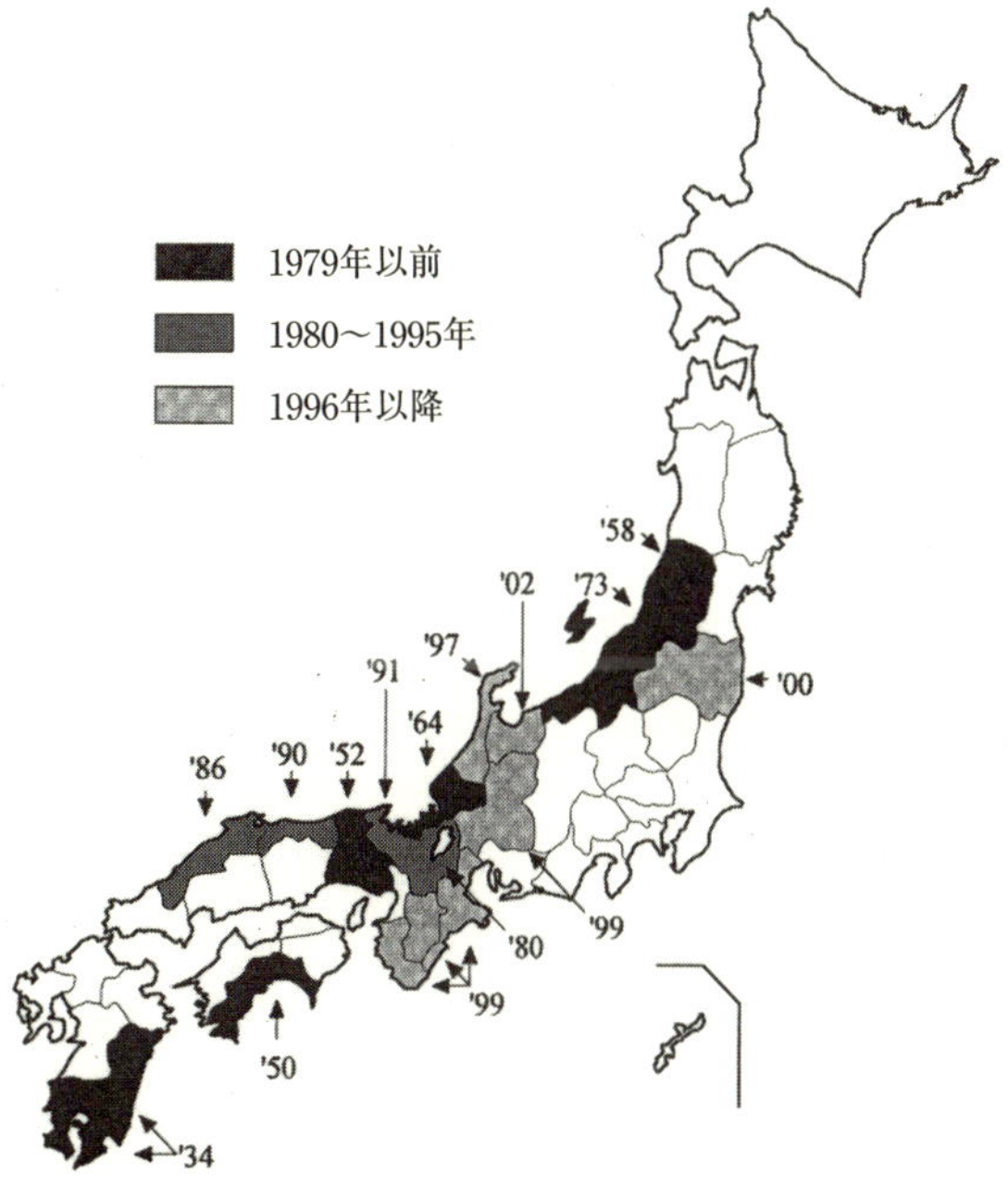

図4-1　カシやミズナラなど、広葉樹の枯死が確認された地域と年。九州に始まり日本海側へ移り、近年になって太平洋側にまで広がっている。（小林正秀、2004）

過去四、五〇年ほど前にもミズナラやコナラの材に穿孔する虫がついて、ミズナラやコナラが全滅したことがあったという」と書かれている。福井県や滋賀県でも一九六四年ごろには、わずかだが、枯れた例があったという。

一九七三年以降、新潟県では二〇〜四〇年生のミズナラとコナラが集団で枯れたというが、ここでもそれ以前から枯れていたかもしれない。[9] 一九七七年には隣の山形県でもミズナラやコナラの枯れが広がっている。一九八一年になると、福井県の敦賀半島や隣り合った滋賀県の木之本近くの標高四〇〇メートルを越える高地でミズナラやコナラが枯れ始めた。一九八五年には福井県の今庄町に広がり、一九八八年以降は被害面積が急速に増え続け、私たちが調査を始めた一九九二年ごろは最盛期で、被害が県全域に及んでいた。[10]

一九九〇年代に入ると、まるで同時多発ゲリラのように日本海沿岸の各地に発生しだしたため、国や府県の林業試験研究機関でも調査する人が増え、被害状況や原因となるカシノナガキクイムシについて毎年のように報告が出るようになった。一九九〇年には、鹿児島県からシイ・カシ類の被害が出て、[11] 一九九一年には山形県でミズナラ、コナラが広い範囲にわたって急速に枯れ、[12] 一九九二年には新潟県と兵庫県でナラ類やシデが大量に枯れ、被害が拡大し続けていると伝えている。北の方では平地に近いところでもナラ類が枯れていたが、福井県以南の暖かい地方では、まだ標高三〇〇メートル以上のところに限られていた。ここでは、目にとまったものだけを取り上げたが、ナラ枯れに関する地域の実情は森林防疫や日本林学会の講演要旨集などに収録されているので、興味のある方はそれらを参照されたい。

一九九二年、京都府では雪の多い地域でミズナラとコナラがすでに枯れ始めていた。スキー場のある大江山へ伊藤武さんたちと一緒に見に行ったときには、ナラ枯れがかなり進んでおり、枯れ木を皆伐したところもあるほどひどい状態だった。一九九三年には鳥取県、島根県、石川県などからもコナラやミズナラが枯れているという報告が相次ぎ、一九九五年には三重県や奈良県、和歌山県でも見られるようになった。

松くい虫同様ナラ枯れも、その始まりは一九〇〇年代前半からだったといえそうだが、初期の発生地域は火山の近くか、雨や雪の多い地方だった。一九八〇年代以降、枯れる木の種類が増え、飛び火のように被害の範囲も広がり、大量枯死するようになった。こうなると、訳がわからなくなり、誘因を探る疫学的な調査は忘れられてしまう。

いつの場合も、環境条件が変わると、自然状態で眠っていた病原体やそれを運ぶ昆虫が勢いづいて無差別攻撃に移るのが常である。なぜ、病害虫がこれほど増えて被害が拡大するのか、それが最も大きな課題だが、いまだに納得のいく答えがない。

ミズナラの枯れ方

立ち枯れしたミズナラをよく見ると、症状の進み方に規則性があるように思えた。そこで、手始めに福井県や京都府の同じ地点で何本か枯れそうな木を選んで、三年間観察を続けた。その結果を基にしてまとめたのが図4-2である。

ミズナラの枯れ方はおおよそ二通りにわけられる。[13] 一つは若い木や尾根筋の木に見られるもので、徐々に枯れてゆく衰弱死型で、枯れる過程を五段階にわけることができる。もう一つは老木や大きな木に見られるもので、それまでまったく元気に見えていたものが突然枯れる頓死型で、これは四段階に分けられる。健全なものを1とし、衰弱の程度が強まるにつれて2、3、4、5と点数を上げることにした。

衰弱死型では、目につきにくいが、枯れる数年前から少しずつ葉が小さくなり、葉色も薄くなる。新芽も小さくなり、数も減って梢の先が枯れる、いわゆる梢端枯れが見られる。これを2とする。枯れ枝が増えると、木が若いためか、なんとか勢いを取り戻そうとして、幹の途中や下のほうから萌芽し始める。この段階では根がまだ生きていて、根を見ると菌根がある。これを3とする。さらに葉の色がうすくなり、萌芽した芽が伸びなかったり、萎縮したりし始めると、一、二年後には枯死する。この最終段階を4とし、萎れて枯れたものを5とした。

枝の先枯れや葉の大きさを見ると、一、二年前に枯死を予測できるが、早めに昆虫の加害を見つけるのは難しい。枯れる年の春先にも新芽や葉は出るが、あまり大きくならず、展開し終わったころ急に萎れて、二週間ほどで赤茶色に変色してしまう。なお、この枯れ方はクリ立枯症の場合に似ている。

カシノナガキクイムシはそれ以前から幹に入っており、根元にのこ屑のようなフラスがたまっているので、それとわかる。萎れ出したころには、昆虫が運んだ菌がすっかり幹の材を侵しているのである。

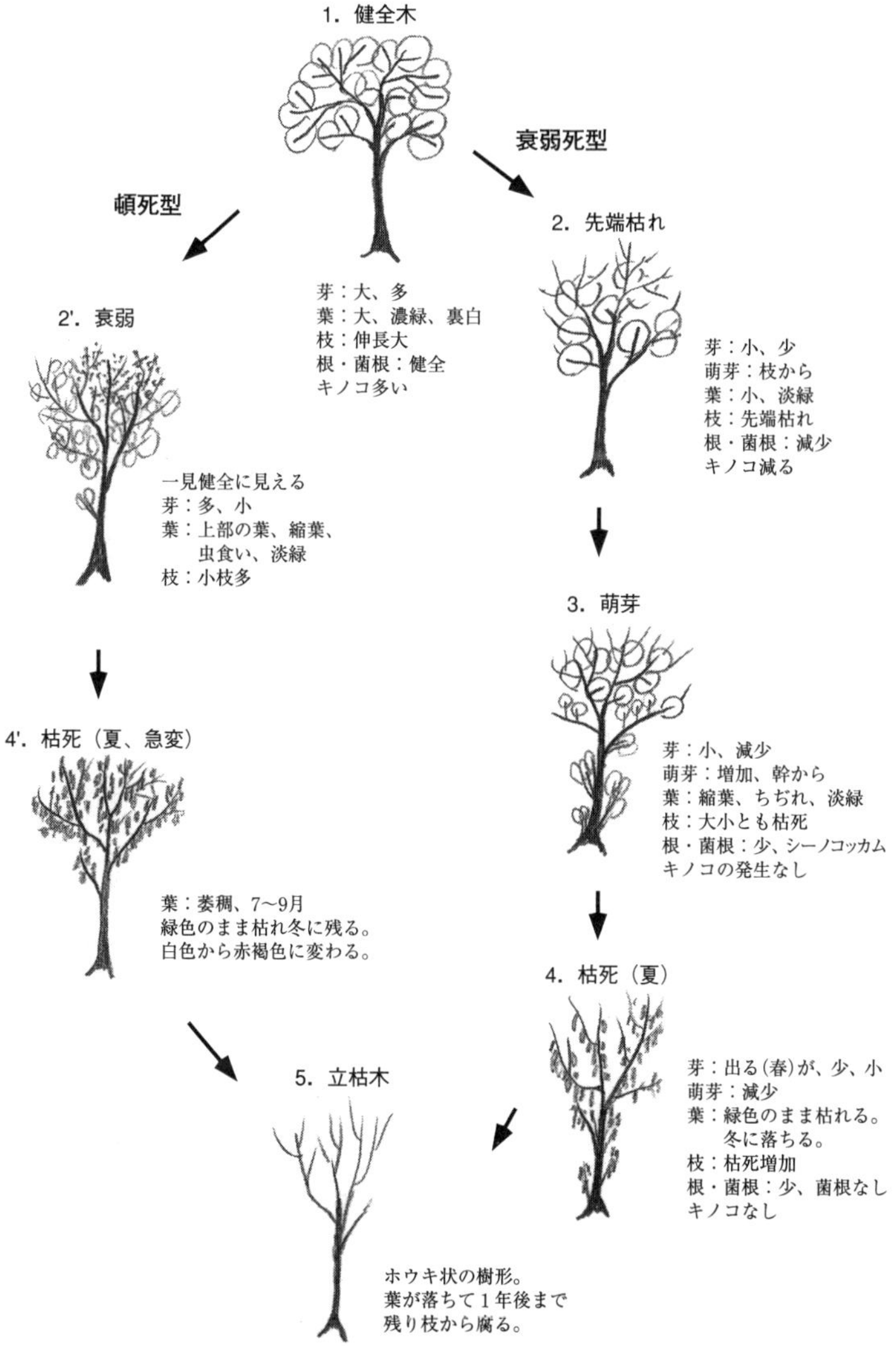
1. 健全木
芽：大、多
葉：大、濃緑、裏白
枝：伸長大
根・菌根：健全
キノコ多い
衰弱死型
頓死型
2. 先端枯れ
芽：小、少
萌芽：枝から
葉：小、淡緑
枝：先端枯れ
根・菌根：減少
キノコ減る
2'. 衰弱
一見健全に見える
芽：多、小
葉：上部の葉、縮葉、
虫食い、淡緑
枝：小枝多
3. 萌芽
芽：小、減少
萌芽：増加、幹から
葉：縮葉、ちぢれ、淡緑
枝：大小とも枯死
根・菌根：少、シーノコッカム
キノコの発生なし
4'. 枯死（夏、急変）
葉：萎凋、7～9月
緑色のまま枯れ冬に残る。
白色から赤褐色に変わる。
4. 枯死（夏）
芽：出る(春)が、少、小
萌芽：減少
葉：緑色のまま枯れる。
冬に落ちる。
枝：枯死増加
根・菌根：少、菌根なし
キノコなし
5. 立枯木
ホウキ状の樹形。
葉が落ちて1年後まで
残り枝から腐る。

図4-2　ナラ類が枯死する過程。衰弱死型と頓死型がある

写真4-1　6月に葉が萎れて枯れ始めたミズナラ　大江山

写真4-2　8月に葉が茶色に変色して枯れたミズナラ　大江山

枯れた葉が木についたまま夏を越すのも、この衰弱死型の特徴である。そのため七、八月の真夏に紅葉したように見え、特に空梅雨や夏の乾燥が激しい年にはまとまって枯れるので、いっそう不気味である。秋の終りには枯れ葉も落ちるが、若い木では茶色の葉が冬の間も残っている。

枯れた木は比較的早く枝から腐り、二、三年すると幹も腐って、すっかり見えなくなってしまう。そのために、福井県のようにナラ枯れが通り過ぎた地方では、既に枯れる木がなくなって、被害が収まったかのように見える。

一方、頓死型では症状の進行がかなり速く、3の段階がぬけている。注意して見ると、やはり枯れる数年前から葉の色が淡緑色になり、形も小さく、ときには通常の半分ほどになる。梢の伸びも悪く、枝が短くなる例が多い。梢端の枯れが増えるころには、幹の下のほうにカシノナガキクイムシが開け

写真4-3　ミズナラやコナラの根元にカシノナガキクイムシが出したフラス（木クズと糞）が落ちているとまもなく枯れる

写真4-4　枯れたミズナラの切り株。菌が入って変色した部分が大きくなっている

た小さな孔が見つかる。木の勢いが強いと、昆虫が孔を開けても樹液が出て虫が追い出されてしまう。虫の出したフラスが根元にたまりだすころには、衰弱死型の場合と同じように、展開した葉が一、二週間で萎れ、そのまま褐色に変わる。葉の色は最初白っぽい茶色だが、秋の終りには赤茶色になる。

調査を始めたころは、主に太い老齢木が枯れていたので、頓死型が目立っていたが、そのうち集団枯死するケースが増え、若い木にも被害が及んで衰弱死型が多くなった。樹種によって、それぞれ枯れ方は異なっているが、基本はミズナラの場合と同様である。梢端が枯れるのは、根の先端が枯死した場合に見られる現象で、やはり根に原因があるためと考えられた。

後で知ったことだが、このようなミズナラの枯れ方は、一九九二年の「ヨーロッパにおけるナラ枯れ」という国際シンポジウムで、ポーランドのトマス・オツァコという人が報告したナラの枯れ方にそっくりである。[14] ポーランドでは一九八五年以来、ナラ類の枯死が増え続けているが、その枯れ方には規則性があって、五段階に分けることができるという。

それによると、0は健全な状態。1では症状が軽く、葉の色がうすくなり、下枝が枯れ、梢の先も枯れて樹冠が小さくなる。樹皮に暗色のスポットが出るのも特徴的である。2では症状が進んで、全体に葉の色がうすくなり、梢端が枯れて幹の途中から新しい芽がふき、樹皮の斑点が広がる。3では傷害がひどく、枯死した枝が増えるが、まだ生き残っている部分があって、そこから芽が出ることがある。幹や枝から樹液が出て、樹皮が割れて剥げることがある。4は枯れた木である。3の段階はミズナラの場合と多少違っているが、これは二次的に侵入するのがナラタケなどの木材腐朽菌で、日本のようにキクイムシの類ではないためらしい。

ナラ枯れの広がり方

大江山で基本的な調査をすませた後、丹後半島の豪雪地帯として知られている宮津市世屋で、一九九二年から一九九六年にかけて五年間、伊藤武さんたちにナラ枯れの広がりを記録してもらった[13]（一部未発表）。調査地点は標高約四〇〇〜五〇〇メートルで、冬は二メートルを超す雪に埋もれる山奥である。

この地域の主な樹種はミズナラ、イヌブナ、シデ、ホオノキ、カエデ、リョウブ、タムシバ、ヤマボウシなどで、低層木としてミツバツツジやアセビ、ヒサカキ、ユズリハ、イヌツゲなどが点在し、地表はクマザサにおおわれていた。

一九九一年、ミズナラが一カ所で数本枯死し、翌年には小さな尾根全体に枯れが広がった。そこから毎年二〜三キロの幅で枯れる範囲が東側へ拡大し、一九九五年以降は北へ向かって広がっていった。年を追って広がる速度があがり、一九九六年には出発点から北へ一二キロ、東へ八キロほども広がった。シデはわずかに残ったが、五年の間にこの範囲に生えていたミズナラはほぼ全滅してしまった。

山形県でナラ枯れが最初に出たのは海に近い温海町だったが、斉藤孝蔵さんが調査した一九五九年には、すでにかなり広い範囲に及んでいたという[8]。山形県庁の石山新一郎さんが一九九三年に出した報告によると[12]、一九六五年には被害が雪の多い隣の朝日村に移り、一九七九年には南から北へと飛び火した。以後そこから周辺へ広がり、一九九一年には朝日村北部の大半でミズナラが枯れたという。山形県林業試験場の佐藤千恵子さんたちの調査によると[15]、一九九一年に推定五二八ヘクタールが被害にあい、翌一九九二年には八〇六ヘクタールに広がったそうである。おそらく、この地域にあったミズナラ、コナラなどはほとんど姿を消したことだろう。

新潟県林業試験場の布川耕市さんによると[9]、新潟県では一九七三年に山形県との境でナラ枯れが始まり、一九八八年以降、県南部で毎年のように被害が出ているという。また、安塚町にある標高三三四メートルの城山では、一九八八年までは被害が二〇〇メートル付近までの高い所にとどまっていたが、一九九〇年には低いところへ下り、コナラにも枯れが移ったと報告している。なお、この当時、新潟県では被害が標高一〇〇～六〇〇メートルの範囲に限られていたともいう。ここでは、その後被害地が六カ所に増え、そこから急速に拡大した。一キロメートル四方の中に出てくる枯れ木の本数を地図に落とした結果を見ると、一九九〇年以降、被害の範囲が年二キロメートル以上の速さで飛び火しながら拡大し、三年の間に広い地域に及んでいる。

奇妙なことに富山県と石川県では一九九〇年代を通じて被害がないか、あってもほとんど問題にならない程度といわれていた。しかし、二〇〇〇年代になるとミズナラが枯れ始め、最近加賀市ではコナラだけでなく、平地にあるシイの大木まで枯れている。そのため、環境保全を目的にした広葉樹林を作る予定だったが、見直しを迫られていると聞く。

井上重紀さんによると[10]、福井県では「一九八一年八月に敦賀市野坂山、標高九一三メートルで樹木の枯死があり、集団的に赤く見えた」という。そのころは松くい虫の最盛期だったので、多分それだろうという意見も多かったが、現地を調べて、枯れているのはミズナラだということになった。その後、野坂山では被害が終息し、北に当たる敦賀半島の標高五二一メートルの三内山に移り、一九八八年ごろには北東部へ二四キロ離れた今庄町の山地に飛び火した。同じころ滋賀県北部の標高の高い山地にも移り、福井県北部や低地へも広がり、今は山にミズナラやコナラを見かけないほどである。

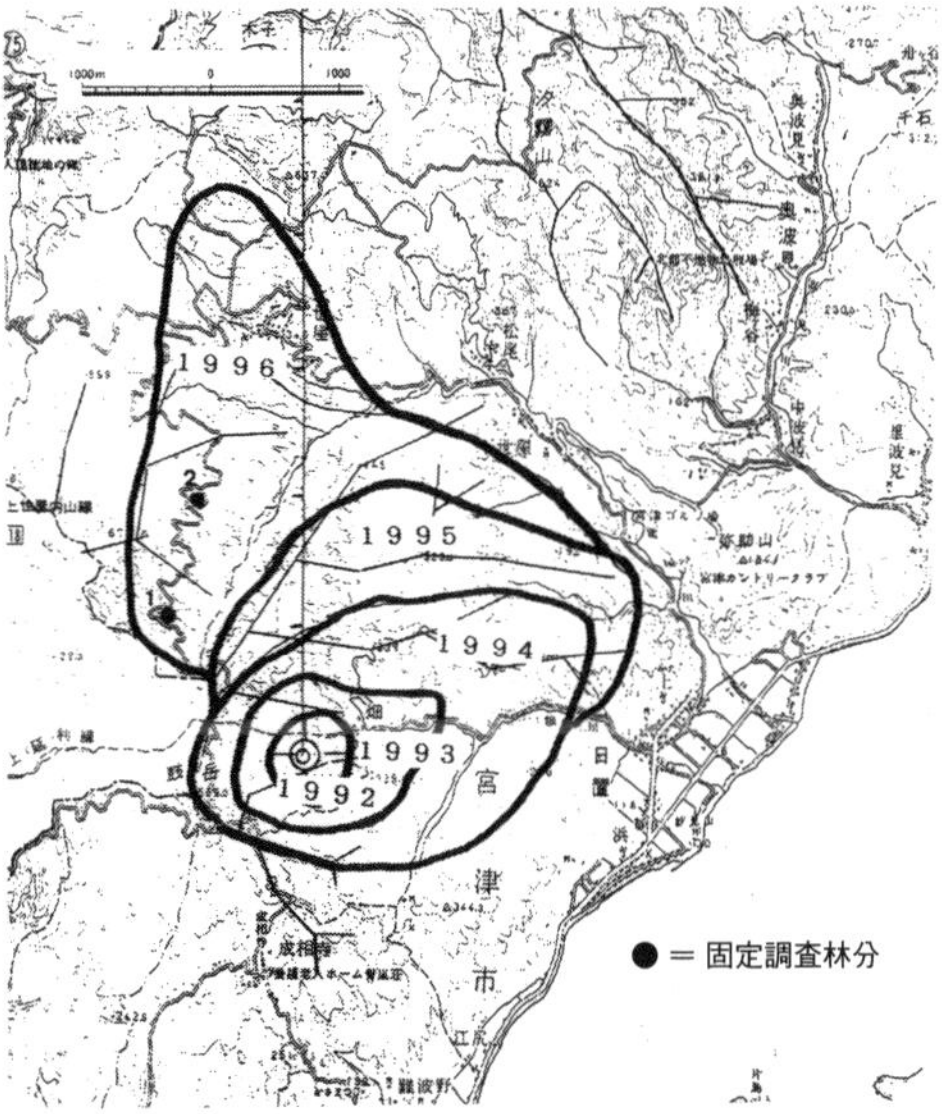

図4-3　ナラ枯れの広がり方。1996年8月現在。
初めは一定の速さで同心円状に広がり、後、離れた場所に飛び火する（伊藤武、未発表）

兵庫県では一九五二年に城崎郡西気村でナラ枯れが見つかり、カシノナガキクイムシも採集・同定された。ここは神鍋山スキー場に近い豪雪地帯で、十二月から三月まで雪に覆われる山地である。兵庫県の専門技術員、松本孝介さんの報告によると[7]、ミズナラやコナラのほか、わずかにブナ、シデなども枯れており、その被害は予想以上に激しかったという。翌年には西気村一帯に被害が広がり、被害面積は約二〇〇ヘクタールに及び、七万本が枯れてミズナラがほぼ全滅した。

一九五四年には終息に向かい、それ以後はしばらく見られなかったが、一九九〇年代にかかると、また各地に出始め、被害地は豊岡から温泉町にかけて点在するようになった。以前は山地の高いところに出ていたが、最近では低地にも広がり、止まる気配がない。現在、被害は鳥取県から島根県へと広がり、おそらく岡山県や広島県の中国山地にも出ていると思われる。

一九九〇年に出された鹿児島県林業試験場の末吉政秋、谷口明さんたちの報告を見ると、[11] 鹿児島県でも一時収まっていた被害が一九八八年になって再び増え始め、大隅半島の内之浦町など、かなり広い地域に及んだという。被害を受けているのはアカガシ、マテバシイ、ウラジロガシなどで、立ち枯れしたものや部分枯れしたものが見られた。なお、イタジイやタブノキ、ヤブニッケイなどの幹にも虫に開けられた孔が見つかったが、侵入しているものは少なかったそうである。材の木質化が進んだ大きな木ほど被害を受けやすく、ここの場合も飛び火しながら、数年のうちに被害地が増えていったという。宮崎県でも同じように、以前はシイやカシの常緑広葉樹林で被害が多かったというが、スギの人工林面積が多いために最近の被害は目立っていない。

このほか、最近になって太平洋沿岸地域にも広がり、四国や三重県、愛知県、山梨県、福島県などにも発生している。初めのころはどこでも似たようなパターンで被害が出ていたが、最近は単木でも集団でも枯れるようになった。思いがけないところで突然コナラやシイが枯れることがあるので、よほどカシノナガキクイムシの数が増えたのか、移動しやすくなったのか気にかかる。

ナラ枯れの広がり方を見ると、一九八〇年代までは、ある地点で始まると、枯れが数年間続き、枯れる木がなくなると、いったん終息し、若木が育ってくると、一〇～一五年目にまた同じ地点で枯れるという傾向があった。また、枯れる木がなくなると、終息したように見えるが、しばらくすると周辺へ移るのが、ナラ枯れの特徴だった。

しかし、一九九〇年代になると、上の例に見られるように、ある地点で発生した被害が毎年徐々に周囲へ広がり、全滅しそうになると、飛び火したように比較的近い場所に移る傾向が見られるようになった。さらに、いったん枯れた場所にミズナラやコナラが再び育つこともなくなった。おそらく、攻撃を受ける側の木の樹勢が、広範囲に衰えているように思えてならない。攻める側も守る側もどこか常軌を逸しているように見える。

芽をふかない切り株

大江山で枯れたミズナラを皆伐した跡地を調べていたとき、奇妙なことに気づいた。切り株から芽がまったく出ていないか、出ていても小さくて勢いがない。また、立ち枯れしたばかりの木にも萌芽枝が見られない。根の先端が腐るクリ立枯症の場合も、切り株に萌芽が見られなかったので、おそらく、地上部が枯れる前に根が死んでいるのだろうと思った。クリでの経験がナラ枯れと根や菌根の関係を考える足掛かりになった。

ナラの仲間は昔から薪炭材料として大切に扱われ、伐って木材をとった後、萌芽した芽を残して育てるのが普通だった。切り株から萌芽した芽は一年で背丈を越すほどになり、何本も育つので、萌芽枝の素性を見分けて間引くのに手間がかかったものである。

一般に広葉樹は根株に貯蔵養分といわれるデンプンなどの栄養分を蓄え、地上が傷ついたときに根元から萌芽枝を出して生き伸びることができる。冬の間は細根の先端までデンプン粒を蓄えており、春になると、これを可溶性のブドウ糖に変えて成長する。メープルシロップが採れたり、カブトムシやクワガタなどの昆虫がよって来たりするのも、樹液に甘い糖分があるためである。

最近、時々ナラ枯れが通り過ぎた跡へ行ってみるが、ミズナラやコナラが盛んに更新している例はまずない。まして、種子から生えた実生は見当たらない。松くい虫同様、ナラ枯れの場合も主役の木がなくなってしまうと、枯れた跡に別の樹種が繁茂するので、被害が収まったかのように錯覚する。しかし、実際には人間が気づかないうちに、山の植生はどんどん変化しているのである。植生が変わると、ナラ類に依存して生きていたキノコや微生物、昆虫などの動物もいなくなるのだから、その影響は測りしれないほど大きい。ドングリを餌にしていたイノシシやげっ歯類、サルやシカなどが農作物を荒らすようになったのも、ナラ枯れの影響かもしれない。

では、本当に根は死んでいるのだろうか。伊藤さんと相談して、大江山に京都府から許可をもらって試験地を設け、一九九三年から木の枯れとキノコの発生および根の状態などについて調査を開始した。ここで二年間調査を続けたが、あまりにも枯れの進行が速かったので、一九九四年に少し離れた丹後半島の世屋に試験地を移した[13]。

大江山の試験地に三〇メートル×一〇メートルの方形枠を設けた。ミズナラが八本中七本枯れていた林分を激害、I区とし、二八本中一〇本枯れている区を微害、II区、二〇本中一本枯れている

写真4-5　腐った落ち葉の層に入ったミズナラの根は黒くなって枯死し、菌根は消えている

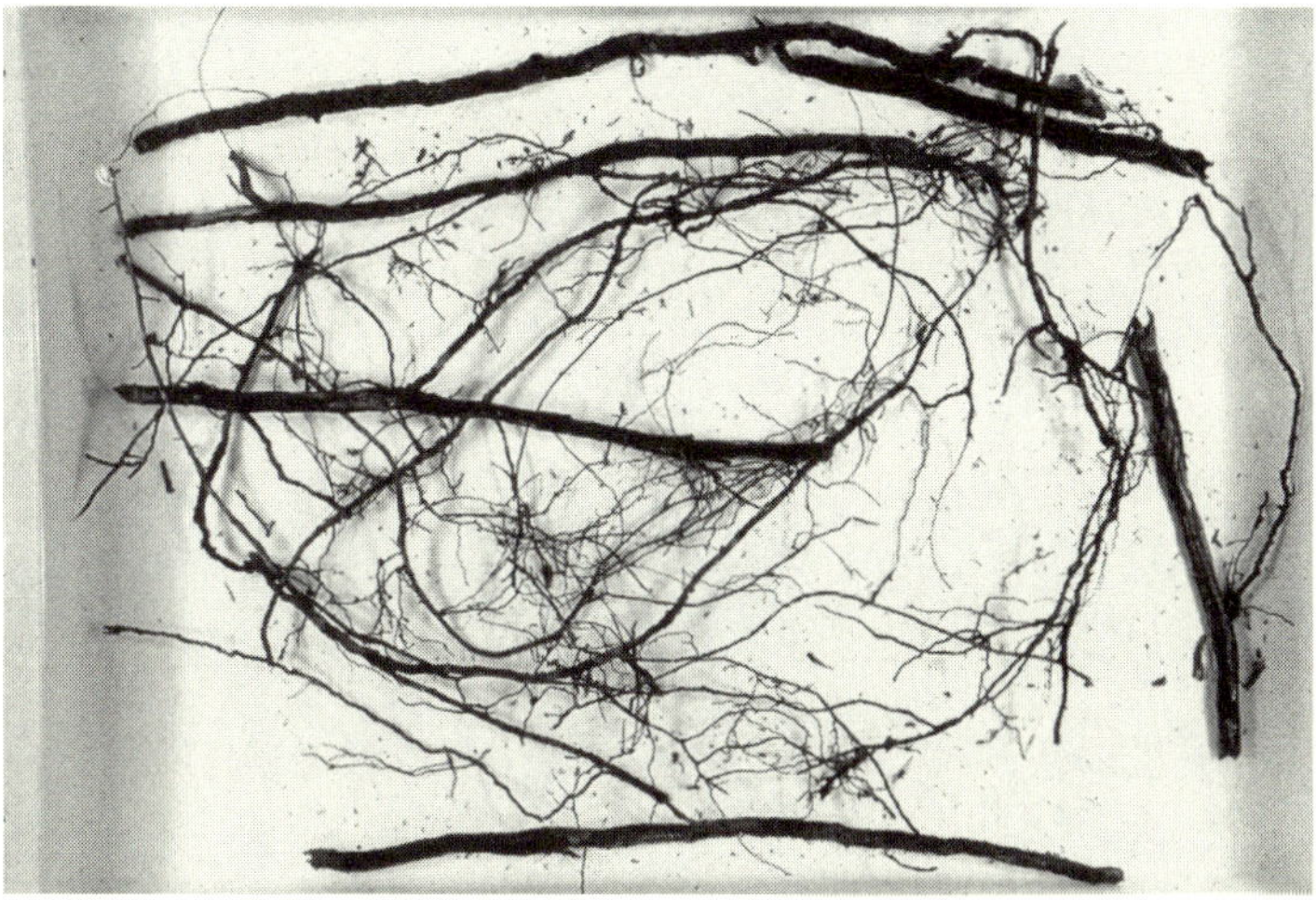

写真4-6　土の層にはミズナラの細根が少なく、菌根もほとんど見られない

区を健全、Ⅲ区とした。なお、この調査は細根が最もよく伸びる六月末に行った。

これらの各区で任意に三〇点を選び、落ち葉の下の表層土壌をシャベルに一杯薄く剥ぎ取って、その中に菌根があるかないか判定した。菌根が認められた点はⅠ区で二〇パーセント、Ⅱ区で三五、Ⅲ区で八〇となった。この菌根の出現頻度は健全な木の割合にほぼ比例していた。また後に触れるキノコの種類や量にも対応していた。

同時に、各林分の中の適当な地点、三カ所を選び、ミズナラの根元から二メートル離れた場所で根の調査をした。落ち葉の層にある根と表層土壌の中にある根を二〇×二〇センチ方形枠を使って掘り取り、その中にある根を洗い出して分け、ミズナラの根の生死や菌根を観察記録した。ミズナラがほとんど枯死したⅠ区では、もちろん生きたミズナラの根は少なく、細根はほとんど腐っていた。Ⅱ区やⅢ区でも死んだ根が多く、菌根もまれだった。Ⅲ区でも健全なミズナラ林に多いフウセンタケ属の箒状の菌根は、どこにも見あたらず、ベニタケ属やテングタケ属が作る棍棒状の菌根がわずかに認められるだけだった。

この三つの区の間に見られる根や菌根の違いは、被害木の率に対応しているが、それにどれほどの意味があるのだろう。この比較は単に枯れたから、こうなっただけだともいえる。木が枯れた場合、原因を探ろうとして、よく対照区を設けて比較するが、往々にしてこれは無意味に終わる。もし、広い範囲に根が傷害を受けているのなら、汚染がなかった過去の状態と比べる以外にないのである。

たとえば、以前に茨城県や埼玉県のミズナラやコナラ、ブナなどの広葉樹林で調査していたころは、新鮮落葉の層（L層）を剥ぎ取ると、どこでも下の粗腐植層（F層）に上がったナラ類の根に、房状の菌根がついていたものである。しかし、今はどこを探しても、それがない。

以前、群馬県でブナ林に発生するキノコを調査したが、その報告[16]には「根の量はF層の厚さに比例した。F層の中のブナやイヌブナの細根の大部分は菌根であった。A_0層とHA層にあるブナとイヌブナの細根の先は、ほとんど菌根化しており、菌鞘に覆われていた。ただし、根の全量から見ると、菌根の率は二〇パーセントと低かった」と書いている。

それはともかく、細根が死に、菌根がなくなると、ブナ科樹木のように養水分吸収や根の保護をキノコに頼っている植物は、すぐ水切れを起こしてしまう。水が切れだすと葉を小さくし、芽の伸びを抑えて、梢端を枯らしてなんとか保とうとするが、徐々に樹勢が衰えてゆく。抵抗力が落ちると、昆虫に襲われ、病原菌がはびこって枯死に至るという例は多い。言うまでもなく、根は植物が水を獲得して生命を維持するために発達させた大切な器官なのである。マツ科やブナ科、カバノキ科、フタバガキ科などの樹木にとって、キノコはその機能を増強するように共進化した必須のパートナーである。では、キノコはどうなったのだろう。

姿を消すキノコ

福井県でも京都府でも、他の地方でも、キノコ好きの人たちが、最近異口同音にキノコが取れなくなったという。中でも、海岸のクロマツ林や広葉樹林に出るおいしいキノコが減ったという知ら

写真4-7　ナラ類やマツに外生菌根を作るドクベニタケ

せが多い。マツやナラが枯れるのだから、キノコが消えても当たり前と思っている人も多いが、はたして、どちらが先なのだろう。

これもまた、伊藤さんに頼んで丹後きのこクラブのメンバーに手伝ってもらい、キノコの発生状態を調査することにした。調査地点は、先に書いた大江山と丹後半島の世屋である。大江山では一九九三年から九四年まで、丹後半島では一九九四年から九六年まで、調査区内に出てくるキノコを発生時期の六月から一一月にかけて、お天気の具合を見ながら適宜調査してもらった。大江山では被害の発生程度によって、Ⅰ（激害）、Ⅱ（微害）、Ⅲ（健全）区で斜面に設けた四〇〇～五〇〇平方メートルの区の中に出るキノコを採集・同定する仕事である。

キノコを作る担子菌類は、多くの場合栄養源がある場所にコロニーを作り、縄張りを守って住み分けて暮らしている。ただし、動物の群れのように移動しないので、一定期間定まった場所で子実体を作り、餌がなくなると消える。種類によって餌の取り方が違っており、円形のコロニーを作ったり、不規則な形のコロニーになったり、菌糸束や根状菌糸束を作って移動するものがある。菌根菌の場合も、それぞれ暮らし方が違っているので厄介だが、生活型はほぼ属の段階で一定している。そのため、菌根の形や量だけでなく、その生活型をよく見ておかないと、判断を誤ることがある。キノコの発生は気象条件に大きく左右されるので、少なくとも三年間観察し、発生量が最も多かった年、またはシーズンのデータを比較しなければならない。

写真4-8　ドクベニタケの菌根、腐植層に多い

一九九四年の一〇月と一一月に採集された菌根菌は、大江山の激害、Ⅰ区では当然極端に少なく、種数は五種、子実体は三七本にすぎなかった。Ⅱ区では一四種、一九二本、その年に枯れが入り出したⅢ区では一五種、二五八本だった。落葉分解菌などの腐生菌は逆に枯れがひどいほど多かった。この傾向も根の場合同様、結果にすぎないかもしれない。

そこで、枯れ始める前の状態を知るため、調査地を世屋に移し、集団枯損が始まった場所からそれぞれ一六〇〇メートル、二三〇〇メートル、八四〇〇メートル離れた地点にあるミズナラ・コナラ林を選んで、調査区を設定した。キノコ調査のためのⅠ、Ⅱ、Ⅲ区はそれぞれ三〇×一〇メートルのコドラート（調査区画）である。

キノコの発生量が多かった一九九五年九月から一一月に三回採集したデータを見ると、菌根菌はⅠ区で九種、三九本、Ⅱ区で一〇種、一二本と一六コロニー（ホウキタケ属とカノシタが群生）、Ⅲ区では一二種、九八本と五コロニー（ホウキタケ属とイボタケ科のキノコが群生）だった。明らかにⅠ、Ⅱ区の種数と発生本数が少なくなっている。（図4-4）

キノコの種組成を見ると、Ⅰ、Ⅱ区でもAo層に菌根を作るフウセンタケやキチチタケは出ていたが、Ⅲ区に比べると、その種組成はやや単純だった。菌根の状態については現地でランダムサンプリングして観察しただけだが、Ⅰ、Ⅱ区では出現頻度が低かった。ただし、大江山の状態に比べると、枯死している根は少なかった。

翌年の一九九六年にはⅠ区とⅡ区に枯れが入り、秋にはⅠ区で衰弱木一五本、枯死木三本、Ⅱ区で衰弱木九本、枯死木五本となり、両区とも健全木の比率は五〇パーセント近くに落ちた。Ⅲ区は健全な状態に保たれていた。

一九九六年の六月から一一月までに採集されたキノコを見ると、菌根菌は一〇〇平方メートル当たりⅠ区で二五種、二五本、Ⅱ区で四〇種、五六本、Ⅲ区で四七種、三八本となっていた。ただし、群生するものの場合はコロニー数をカウントするので、子実体本数としては少なくなっている。一九九五年に比べて種数が増えているが、これは広葉樹林では夏に出るキノコが多いためである。こ

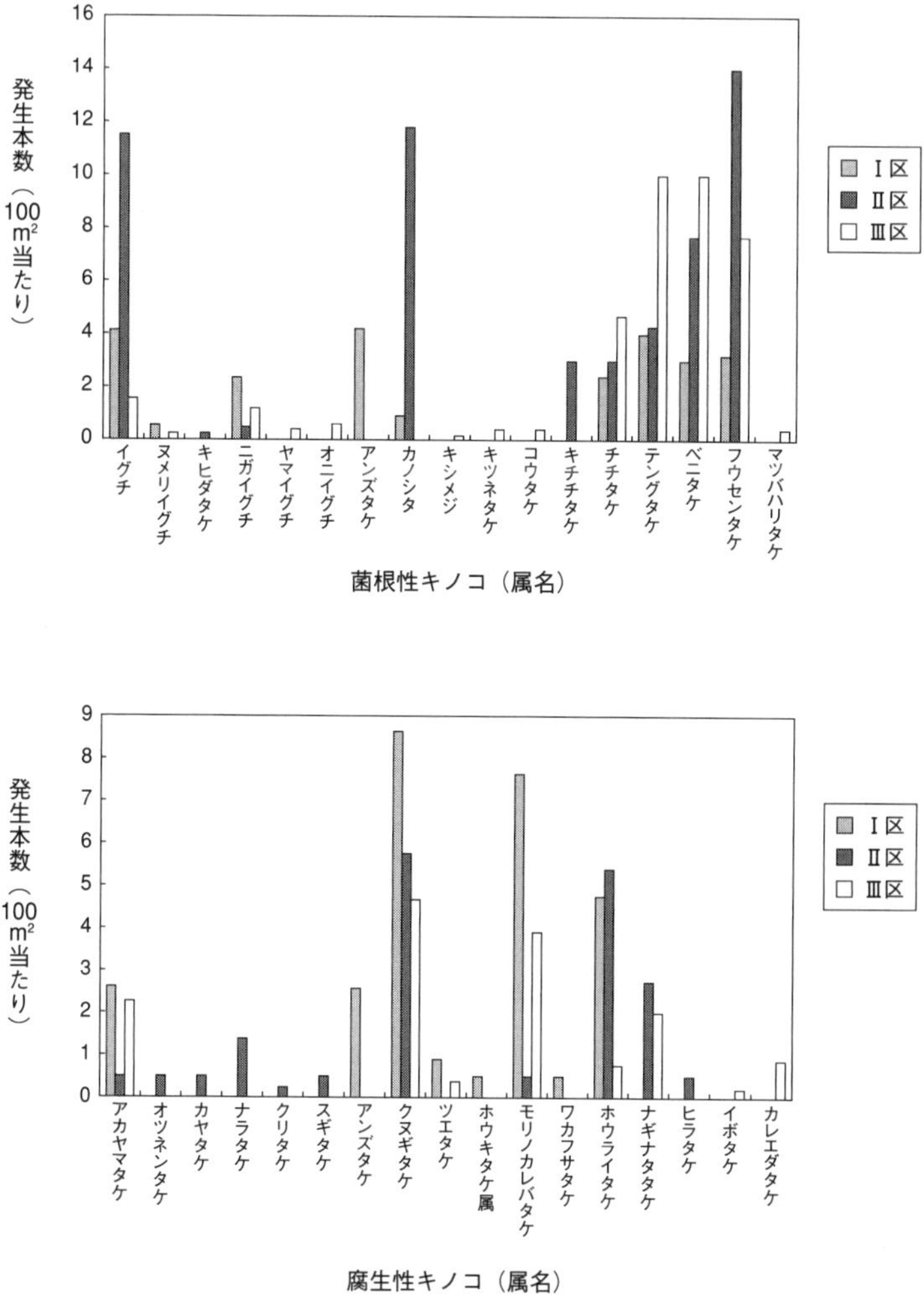

図4-4　キノコの出方とナラ枯れ
（上図）菌根性キノコ　（下図）腐生性キノコ

れらのデータからどれほどのことがいえるのか、難しいところだが、種数に差があり、枯れが始まる前からキノコが減っているといえなくもない。

このことは、通常ミズナラ・コナラ林に多く、Ao層に菌根を作る代表的な種について見るとよくわかる。粗腐植層（F層）に菌糸束を作って広がるテングタケの種数はⅠ、Ⅱ、Ⅲ区でそれぞれ六、七、八種、よく似た生活型のベニタケ属でもそれぞれ七種、一〇種、一四種となった。F層に菌糸のマットを作るチチタケ属の種数はⅠ、Ⅱ、Ⅲ区でそれぞれ一、三、四種、フウセンタケ属のそれは三種、七種、八種と、いずれも枯れが入りやすいところほどAo層に暮らす菌の種数が減っている。おそらく、このような状態がさらに進むと、大江山のようにほとんどの菌根菌が消える結果になるのだろう。ニワトリが先か、卵が先か、それが問題である。

なぜ豪雪地帯から

正直な話、松くい虫問題の経験から、また異端の説を唱えるといわれかねないので、この問題にはあまり首を突っ込みたくなかった。ところが、たまたまテレビ番組制作会社、オフィスボウの田中伸夫さんが研究所にやってきて、「いろんな説があるようだから、松くい虫問題をもう一度取り上げてみたい」という。話のついでに「日本海側でナラの仲間が大量に枯れている」といったら、「それは面白い。テレビ朝日のニュース　ステーションで早速流したい。現場もぜひ見たい」とせっつかちである。福井県の井上さんに電話したら、「いやだ」という返事。こちらもまだ調査を始めたばかりで、とてもお相手できない。しばらく待ってくれるように説得して、研究所の伊藤武さんや末国次郎さん、川本邦夫さんたちに頼んで、大急ぎで雪やキノコのことを調べることにした。実際には三年かかってしまい、一九九六年六月になって、ようやく放映された。この仕事は田中さんの熱意に追い立てられて進んだようなものである。

手始めに、末国次郎さんが福井県今庄町周辺の一九八四年と一九九四年のランドサットデータを使って、植物の活力度の比較を試みたところ、はっきりした差が出てきた[17]。樹木の衰退現象は枯れだしている広葉樹林だけでなく、人工林のスギ林にも見られ、かなり広い範囲に及んでいた。それから一五年以上たつのだから、先に述べたように北陸地方のスギの衰退が目に見えるようになってきたとしても不思議ではない。

ナラ枯れの出方は斜面方向で違っており、西に多く、被害程度がひどくなるところでは、北や北東から東斜面でも増加した。日本海沿岸では冬に雪を運ぶ強い西風が吹くので、この斜面方向は積雪量とも関係している。雪の積もり方を融雪時期に調べると、被害が激しいのは緩い斜面で、しかも吹き溜まりになりやすい凹型地形のところだった。

初めのころ、大江山でも枯れがスポット状に始まる場所は北と北西斜面に集中しており、南斜面には健全な林分が多かった。しかし、数年するとこの傾向は見られなくなり、方位に関係なく枯れが広がった。その後末国さんは調査地点を増やして、森林衰退と斜面方位や地形との関係を捉え、二〇〇〇年には広域で衰退現象が見られると報告した[18]。

一方、川本さんは京都府や福井県で雪の中の硫酸イオンと硝酸イオンの濃度を測定していた。二年間調べた結果、これらの汚染物質の濃度は、降り始めた雪の中では高く、春先には積雪の中で下がり、流れ出す水で高くなることがわかった。落ち葉の下の土を分析すると、場所による違いがあるので、なんともいえないが、被害の激しいところではコバルトの濃度が高くなったという（未発表）。硫黄酸化物によって土壌中のアルミニウムが溶けだすといわれているので、いろんな重金属が出ている可能性も考えられた。

フェーン現象で雪が融ける三月の末に今庄町の山に入ってみると、道がまるで川のようになっていた。積もった雪を掘ってその下を見ると、ぽたぽたと絶え間なく雪解け水が落ちている。ちょうど伸び始めたばかりの若い根がこの水に浸されていたが、有害物を含む水に一カ月近くつかると、どうなるのか大変気になった。

ちょうどそのころ、山形大学の研究チームによる調査結果が報告されたので、さっそく上木勝司さんにお願いして、論文別刷などの資料[19]をいただいた。読むと大変詳しく調べられていて、私たちが予測した通りの結果が出ていた。なお、この成果は農業土木学会論文集にまとめられている[20]。調査地点は海から二五キロ離れた海抜二八〇メートルにある山形大学の付属演習林内で、多い年には四メートル近く雪が積もるという。一九九〇年の一月から三月にかけて、定期的に積もった雪を深さ別に採取し、川の水と合わせて化学分析した興味深い結果が載っていたので、紹介しておこう。

雪に含まれるイオンの量を測定すると、降った雪に含まれていたイオンは積雪の中をかなり早く流れおちて底の方にたまる。これは雪が融けたり凍ったりしながら、次第にしまり、ざらめ雪になる過程でイオンが流れ出すためだという。こういうイオンの動きは色素を使った実験でも確かめられており、一般に認められている現象らしい。また、積雪の中のpHもこれらのイオンの移動につれて変化し、融けだした水はpH四台になっていた。

積雪から水が流れだすのは二月中旬ごろからで、イオンの六七パーセントがこの時期に融けだしている。計算上はと断った上で、二月一五日から二三日までの間にイオン濃度が降ってきた雪に比べて七倍以上に濃縮されて流出しているとした。この結果はノルウェーで測定されたものとも一致しているが、日本の場合の方がより高い値になったという。この中には硝酸イオンや硫酸イオン、塩素、マグネシウム、カリウムなども含まれている。最近はイオンだけでなく、微粒子やアンモニアも含まれているので、汚染の度合いはこの測定時期よりも上がっていることだろう。

一般に三月に入ると、樹木の根が動き始めるので、根や菌糸が伸び出す前にイオン濃度の高い水に浸されることになる。マツタケなどの例に見られるように、土壌中に暮らす菌根菌は低温でも成長できるため、成長開始時期に酸性の水をかぶっているかもしれない。

アンモニア態窒素が加わると、硝酸化成が起こり、その過程で亜硝酸などの菌に有害な物質が出ている恐れがある。また、硫酸イオンには土の中のアルミニウムを溶かす働きがあるので、植物の根が傷むかもしれない。おそらく、雪に運ばれてくるものが集積し、表層土壌に何らかの異常が生じて、あれほど根が腐るようになったのだろう。

ここまで書いたら、大森禎子さんから興味深い報告をいただいた。それを要約すると[21]、「雪は汚染物を捕集・堆積させ、春先、氷点降下の原理で、雪が融ける前に汚染物が先に溶け、雪の間を流下する。汚染物質は上に雪があるので、地表を流れることなく、土壌に浸透して春、植物や菌の活動期に土壌を酸性化する。積もった雪の断面を見ると、不溶解物が層になって縞状に残る。雪の中の硫酸イオンは深さ五〇～二五〇センチまで0に近い濃度になる。しかし、雪の下の土では、表層よりも深さ一〇センチで硫酸イオン濃度が上がり、二倍になっていた。西風に運ばれて日本海沿岸に来る雪には硫酸イオンが多く、秋田の男鹿半島の春先の土の硫酸イオン濃度は高くなっている。

二〇〇八年六月に行ったときは、男鹿半島でもスギが枯れ始めていた」というお便りだった。やはり、雪融け水は冬の間に地下に浸透していたのである。また縞状に残った不溶解物も、春には地表にたまるはずである。この問題については、もう一度考えてみよう。

ここでは雪だけを問題にしたが、酸性雨や雪のほか、黄砂やエアロゾルなども大陸から日本海側に流れ込んでいる。太平洋沿岸は雪がないから、ナラ枯れの誘因として酸性雪説はおかしいという人もいる。しかし、夏から秋にかけて、九州、四国、紀伊半島などに降る雨の量は二〇〇〇～四〇〇〇ミリに達しており、その雨や風は大陸の南部や東南アジアから来ているという事実がある。最近国立環境研究所から流されている、東アジアの汚染物質の移動データを見ると、状況証拠はかなり上がっているように思える。

カシノナガキクイムシとは

大江山で伐ったばかりのミズナラの切り株を見ていたら、孔の中からアリのような黒い昆虫が出てきた。これがミズナラにとどめをさすカシノナガキクイムシだった。幹の表面に無数の小さな孔があって、そこから虫が開けた細い曲がりくねった孔道が材のなかへ延びていた。材木を割ってみると、虫孔が迷路のように走り、その周りでは材が変色し、少しずつ腐り始めている。ナラ類につくのは一種類だけでなく、同じ仲間のヨシブエノナガキクイムシなど、数種が知られている。

これらの昆虫のことは、一九九三年の森林防疫 四二巻に載っている野淵輝さんの解説[5,22]、および小林正秀さんの報告[23,24,25]に詳しい。野淵さんの研究と、最近精力的に研究されている京都府林業試験場の小林正秀さんの解説を借りて、カシノナガキクイムシのことを紹介しておこう。詳しいことを知りたい方は巻末の参考文献をご覧いただきたい。

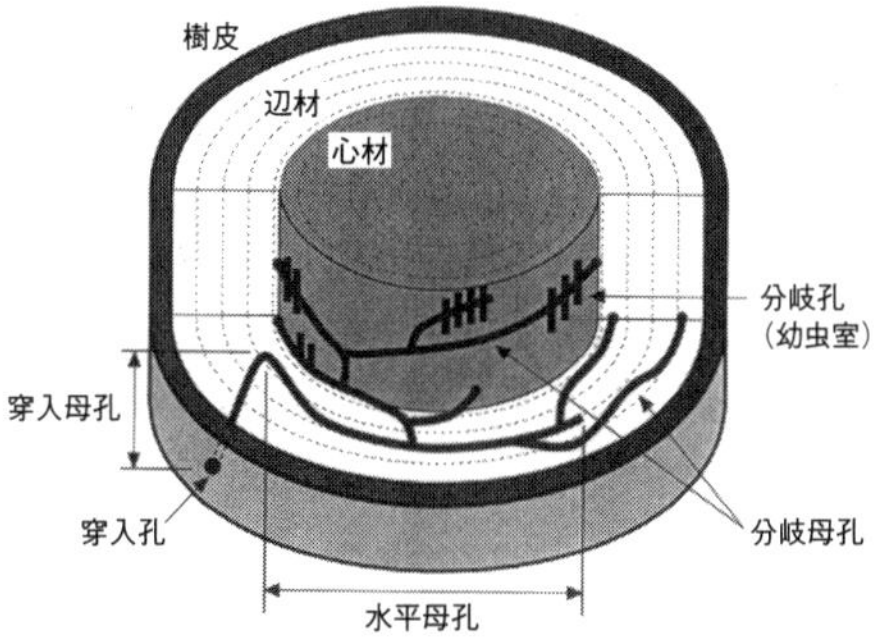

図4-5　カシノナガキクイムシがミズナラの樹幹に作った孔道の模式図（衣浦、1994aを一部改変したもの。小林正秀、2004）

カシノナガキクイムシ、学名は *Platypus quercivorus*、中型のナガキクイムシ科の一種で、雄、雌ともに体長は四～五ミリ、細長い円筒型である。全体が光沢のある暗褐色で、羽の表面に筋が見える。日本では本州から沖縄にかけて生息し、アジアに広く分布している。ナラやカシ、ブナ類以外、カナクギノキやナナメノキ、サクラ、稀にスギなど、知られているだけで五六種の樹木につくといわれている。ただし、繁殖できるのはブナ科樹木に限られ、樹液の分泌が多いものには入らない。

この仲間は前胸背に菌を入れる貯蔵器官、菌嚢（マイカンギア）を備えており、孔の壁に種菌を植えつけて菌に木材を分解させ、幼虫のえさにする習性を持っている。この仲間を養菌性キクイムシと呼んでいる。この虫は一年一世代で、成虫は五月下旬から出始め、六、七月に多くなり、一〇月まで活動する。

小林さんによると、ナガキクイムシ科に共通した性質のようだが、カシノナガキクイムシはどことなく家庭的で一夫一妻制を守っているそうである。まず雄虫が弱った木を見つけると、樹皮に体が通るぐらいの小さな入り口になる孔、穿入母孔をつくる。雌虫がやってくると、雄虫は孔の外に出て交尾し、雌が材の中心部に向かって水平母孔という曲がりくねったトンネルを掘る。終わると雌虫が先にトンネルに入り、雄虫も続いて入る。雌虫はトンネルの奥まで進み、さらに枝分かれした孔を掘る。雌虫は孔の壁に胞子を産みつけ菌糸が生えてくると、そこに卵を産みつける。

孵化した幼虫は菌糸や菌の分泌物、酵母などを食べて成長し、繊維の方向に沿って木質部をかじり、幼虫室という部屋を作って木屑と糞を排泄する。子供が大きくなるまで雌親はトンネルの掃除をし、雄親は雌親が運んできた木屑を外へ出し、外敵を追い払ったり、腹を軽く震わせて換気したり、雑菌が入るのを防いだりするそうである。幼虫は部屋の中で蛹になり、数カ月すると羽化して成虫になり、親が作ったトンネルを通って出てくる。七、八月にはきれいな虫が多くなるが、これは新しく羽化したものである。

野淵さんはこの虫の加害について「カシノナガキクイムシによる枯損被害は緑葉のついた生立木

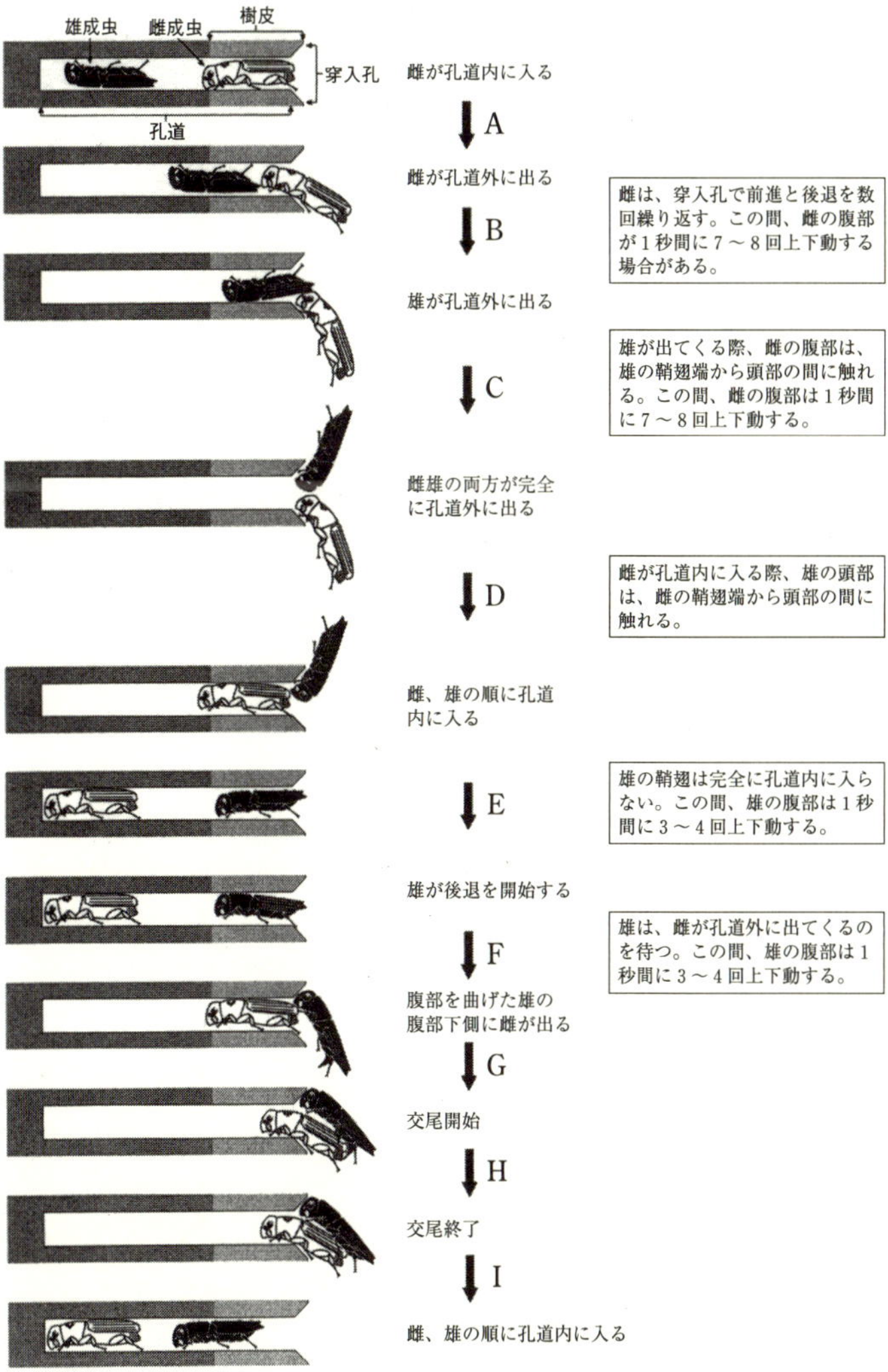
雄成虫
雌成虫
樹皮
穿入孔
孔道
雌が孔道内に入る
A
雌が孔道外に出る
雌は、穿入孔で前進と後退を数回繰り返す。この間、雌の腹部が1秒間に7～8回上下動する場合がある。
B
雄が孔道外に出る
雄が出てくる際、雌の腹部は、雄の鞘翅端から頭部の間に触れる。この間、雌の腹部は1秒間に7～8回上下動する。
C
雌雄の両方が完全に孔道外に出る
D
雌が孔道内に入る際、雄の頭部は、雌の鞘翅端から頭部の間に触れる。
雌、雄の順に孔道内に入る
E
雄の鞘翅は完全に孔道内に入らない。この間、雄の腹部は1秒間に3～4回上下動する。
雄が後退を開始する
F
雄は、雌が孔道外に出てくるのを待つ。この間、雄の腹部は1秒間に3～4回上下動する。
腹部を曲げた雄の腹部下側に雌が出る
G
交尾開始
H
交尾終了
I
雌、雄の順に孔道内に入る

孔道内の様子は不明であるため想像図とし、穿入孔における行動を枠内に記述した（小林正秀、2004）

図4-6　正常交尾における穿入孔での雌雄成虫の動作

に穿孔していることから、健全木を加害するとの意見もあるが、筆者は何らかの原因で異状をきたした木に穿孔したものと考える」と書いている。

小林さんはキクイムシが衰弱した木や枯れた木を見つける方法について「樹体内で起こる嫌気性の代謝によって生じるエタノールを寄主探索の手がかりにしており、エタノールが重要な誘因物質（カイロモン）になっている。カシノナガキクイムシの雄もエタノールにわずかに反応するが、他のキクイムシに比べればその反応は弱い」という。この虫はエタノール以外の揮発性成分にも反応するらしく、木が衰弱すると、すぐ寄ってくるそうである。

さらに、「カシノナガキクイムシが掘る孔の数は太い木ほど多く、幹の下ほど多い。丸太の場合でも、太くて長いものほど穿入孔数が多い」という。この現象はよく知られており、これは衰弱して水が切れた幹の高い部分では餌になる菌が育ちにくく、ある程度湿っている場所を好むためとされている。最近聞いたところによると、太い根にも孔を開けて侵入するそうだから、手の打ちようがない。

カシノナガキクイムシはその一生のほとんどを材木の中で暮らし、成虫になって外に出ている期間は短い。小林さんの測定によると、胸高直径二五センチ以下の木からは六〇〇〇頭、それ以上の太い木からは九〇〇〇頭もの虫が出るそうである。いかに飛翔能力が低いからといって、これでは次々とやられていくのも当然だろう。

では、なぜこんなに大繁殖するようになったのだろう。野淵さんは日本で採集されたナガキクイムシ科の一八種は、いずれも熱帯起源で、黒潮に運ばれてきたのではないかという[26]。九州南部から被害が始まったことや西南日本に多かったことから、そうとも考えられる。被害の広がり方や被害のないところではほとんど見つからないことや虫の習性などから見て、小林さんは古くからいた日本在来種で、枯木に潜在していたのではないかと書いている。[25] 温暖化のせいで広がったという意見もあるが、まだ、確かなことはわからない。

ナラ菌のこと

マツ枯れの場合同様、昆虫が孔を開けたぐらいで木は枯れない。一九三〇年代からニレ立枯症でよく知られているように、ニレキクイムシは枝や木の股に孔をあけ、運んできた子嚢菌の *Ophiostoma ulmi* の胞子を植え付ける。[27] このカシノナガキクイムシもそれとよく似たことをして木を枯らしている。

私たちが今庄町の近くで調査を始めたころ、当時、森林総合研究所関西支所のチームに行き会うことがあった。このチームは当時カシノナガキクイムシが病原菌を運んでいる可能性について調べていた。伊藤進一郎さんたちは、虫が孔を開けて侵入すると、樹皮の下や辺材が暗褐色になるので、そこから菌を分離した。ここからは酵母を含めて何種類かの菌が分離されるが、ナラ菌と仮称したカビ、子嚢菌が優先的に採れたという。[28]

また、この菌は健全な木には見られないが、衰弱したり、枯れたりしたものからは必ず分離された。ただし、古い枯れ木からはキノコの仲間が分離されるだけで、この菌は消えていた。ということは、おそらくセルロースやリグニンの分解能が低く、可溶性の細胞内容物を栄養源としており、材が腐朽する段階では他の菌に追い出されてしまうのだろう。

この菌は穿入孔の近くや変色した部分で繁殖し、衰弱が進むとさらに増える。材の中にいるカシノナガキクイムシの幼虫や成虫の体の表面からも、この菌が分離され、雌の成虫の菌嚢にもこの菌が入っていることが確かめられている。

このナラ菌は窪野高徳さんと伊藤進一郎さんによって、新種の *Raffaelea quercivora* と同定・命名された[29]。*Raffaelea* 属の菌は世界で一〇種知られているが、いずれもブナ科の樹木か、ナガキクイムシ科の虫が掘った孔で見つかっている。ただし、立枯症を引き起こすほど強い病原菌ではないとされていたが、最近遺伝的にニレ立枯症の菌と類似しているともいわれているそうである[30]。これまで世界で知られているオーク　ウィルトでは、しばしば *Ophiostoma* 属の菌が挙げられているので、共通性があるのかもしれない。なお、ヨーロッパやアメリカではやっているオーク　ウィルトの報告を見ると、原因はさまざまで、*Raffaelea* 属の菌による例は見当たらない。

伊藤さんたちは、菌の病原性を証明するために、被害が出ていない山に生えているミズナラにこの菌を接種し、間違いなく枯れることを確認した。それによると、「接種後、被害地におけるナラ類の枯死過程で見られるように、わずかに葉の萎凋症状が認められてから、七から一〇日程度で急激に全葉が赤変し、約一カ月後には枯死することが確かめられた」という[30]。このことは、その後多くの人によって確かめられ、虫がいない場合でも、この菌を接種すると、必ず枯れることがわかり、この菌が強い毒性を持っていることが立証された。

では菌が感染するとなぜ枯れるのだろう。後で触れるように、樹木の枯死は多くの場合、水切れによって起こる。原因の一つは水を吸い上げている根（菌根を含む）の機能が乾燥や病虫害、腐敗などによって麻痺すると、水が上がらなくなって、植物は萎れる。もう一つは水を通す導管や仮導管と呼ばれているパイプが何らかの原因で詰まってしまう場合である。それまで根から葉に向かって運ばれていた水の動きが止まってしまうと、それから上の部分が死んでしまう。この詰まる原因がザイセンチュウであり、ナラ菌だというわけである。

これから先は黒田慶子さんの『ナラ枯れと里山の健康』[1]から、その解説を紹介させていただく。木が枯れる前に、カシノナガキクイムシが掘った孔の周辺を取って顕微鏡で見ると、「ナラ菌の菌糸が活発に伸長し、導管の中から生きている柔細胞に侵入している」という。

この菌はセルロースやリグニンを分解する腐生性の木材腐朽菌ではなく、生きた細胞を攻撃して溶けやすい物質を栄養源にする病原菌である。そのため、材に菌が侵入すると、菌に侵された柔細胞は死に、その周辺に防御反応によってできたフェノールやテルペンなどが分泌される。ところが、これがガス状になると、水のパイプを切ってしまうことになる。

また、この抗菌物質の毒性が強いために周りの細胞まで死ぬことになり、褐色の範囲が次第に広がる。虫が入って変色した辺材も、死んだ細胞からできている心材と同じように水を通さなくなる。さらに、クリの場合同様、大きな導管の中にはチロースがたまるので、ますます水の通りが悪くなる。

結局、自分の体を外敵の侵入から守ろうとして防御装置を働かせたのが、かえって裏目に出て、死に至るというわけである。ただし、ザイセンチュウの場合同様、これについても病原体の侵入から代謝異常、有害物質の生産、通導組織の破壊、水の停滞、萎れから枯死へという一連の生理化学的過程は、まだ完全に解明されたとはいえないようである。

ちなみに、ミズナラやコナラなど、コナラ亜属の樹木では、春にできる春材の導管が極めて大きく、環孔材を作るといわれている。これは水を通しやすいが、菌にも侵されやすく、細胞が壊れると水の動きが止まるのも早い。やや小さく放射孔材という組織を作るカシ類も、導管が大きいので、やはり菌に侵されやすい。被害の出にくいブナは散孔材で、導管が比較的細いため、枯死しにくいという。このような材の特徴も素因の一つといえるが、虫や菌に対する樹木の感受性については、まだよくわかっていない。

今のところ、このナラ枯れについても、残念ながら誘因、素因、主因のすべてがわかったとしても、どうにもならないとしかいいようがない状態である。薬剤散布や誘引剤、爪楊枝で孔をふさぐ方法、シートで幹を覆う方法など、さまざまな防除方法が提案され、各地で実行に移されているが、枯れが止まったという報告はまだない。

これは研究者のせいでもなく、ましてや行政当局の責任でもない。残念ながら、森林に病虫害が発生したら、神仏に祈るほかないのかもしれないが、そうとばかりもいっておられないので、この枯れた木をキノコのホダ木にしたり、炭にしたり、バイオマス燃料にしたり、できるだけ活用しようという動きも出始めている。

北半球に広がるナラ枯れ

なぜ、このように世界中でナラ、カシの類が枯れるのだろう。広葉樹に限らず、針葉樹もいたるところで枯れている。このような樹木の大量枯死が始まったのは、いずれも二十世紀初頭からのことで、しかも都市近郊や工業の盛んな地域から始まっている。ニコラス・マネーさんも書いているように、人間の活動と森林の衰退は決して無関係ではないように思える。[27]

ナラ類の枯れは今に始まったことではない。伊藤進一郎さんのまとめによると、[31]記録に見る限り、フランスでは一八九五年以後、一九二〇～二五年、四二～五〇年、七二年、八二年と断続的に発生した。ドイツでは一八八二～八九年、一九一四～二四年、四二～四三年、イタリアでは一九一〇～一四年、三七～四三年、四六年以後は散発的に発生しているという。アメリカではさらに古く十八世紀からあったというが、やはり二十世紀にかかるころからひどくなりだしている。

一見、十九世紀の終わりごろから、世界のあちこちで散発的に発生していたように見えるが、一定の傾向があるようにも思える。発生した年を追ってみると、ヨーロッパで流行した時期は、いずれも普仏戦争後と二度にわたる世界大戦の前後にあたり、戦争と関係があるのかもしれない。近代型の戦争は重工業の発達を促し、第二次大戦以後は、世界各地で鉱工業生産が大規模化した。そのため、石炭や石油など、化石燃料の消費量が飛躍的に増加したのは周知の事実である。また、世界各地にナラ枯れが広がりだしたのは、東ヨーロッパやロシアの共産圏が崩壊し、中国が改革開放路線を取りだした一九八〇年代に入ってからのことである。今も次第に枯れる樹種が増え、どこでも集団枯死の様相を呈している。

一九九二年にイタリアで開かれたナラ枯れの国際シンポジウムの出席者リストを見ると[3]、その被害の範囲が浮かんでくる。イギリスから東側のヨーロッパ全域とアメリカ、カナダからの出席者が、それぞれ自国の被害とその原因について報告しているが、日本からの出席はない。

当時、ヨーロッパで枯れていたのは、コルクガシ、ダウニーオーク、ハンガリーオーク、セイヨウヒイラギガシ、レッドオーク、ヨーロッパナラ、ターキーオークなどだった。原因については各国まちまちで、二次感染と思われるが、イタリアではナラタケの類が、ドイツでは子嚢菌のいくつかが、ポーランドではナラタケと*Ophiostoma*が挙げられていた。誘因としては乾燥や凍害、大気汚染などが問題になっていた。この病気は単一原因によるものではなく、いろんな生物的、非生物的要因が複合的に働いた結果発生したものだろうというのが定説になっている。

ドイツ人によると、ユーゴスラビアから来た人に聞いた話として、「この不思議な病気は最初ロシアで記録され、西へ向かって移動し、ルーマニアとブルガリアを経てユーゴスラビアに達し、たちまちポーランドへ移った。しかし、東側諸国は、西側がオーク材の輸入を禁止するかもしれないと怖れて、口をつぐんでいた」という[32]。

アメリカでのナラ枯れは、日本のものとかなり違っている。合衆国農業省林業局から出ているパンフレットにナラ枯れ、オーク　ウィルトの解説が載っている[33]。それによると、アメリカのナラ枯れは中西部に多く、二一州にまたがって発生している。一九四四年にウィスコンシン州でオーク林の約半分が枯れたため、森林の重要病害として認められた。他の州では、ヘクタールあたり一本枯れる程度で、大きな問題にはなっていない。

この病気は*Ceratocystis fagacearum*という菌によるもので、菌は根から根へ伝染し、集団枯死する場合もあるという。また、菌糸が形成層や辺材に侵入すると、細胞が破壊され、樹皮が破れて潰瘍状の傷ができる。この部分からアルコール類の揮発性成分が出るので、甲虫が集まってきて胞子を体につけて運び、新しい寄主に植え付ける。菌の繁殖力は旺盛で根を腐らせ、形成層だけでなく、導管にも入るので、萎れが急激に進むという。ただし、この場合はカシノナガキクイムシのように昆虫による媒介はない。

枯れやすいのはレッドオークの仲間で、ウイスキーの樽になるホワイトオークは耐性が強いとされている。一般に五月の初めごろ葉の色が先端からブロンズ色に変わり、夏には次第に全体が変色して梢の先から下へ向かって萎れる。この様子は、一見乾燥害のように見えるが、感染後一～二カ月で枯死するという。病気の誘因については触れていないが、この病気も根に問題があり、人口の多い地域から広がっているのも事実である。

アメリカでは、オーク突然死病という、もう一つの怖い病気がナラやカシの類にまん延している。[27]一九五〇年代にカリフォルニア州からオレゴン州に向かう高速道路沿いで、在来種のナラやカシの仲間が突然大量に枯れ始めた。枯れた木の幹には樹液のようなものが染み出した潰瘍があって、樹皮がはげ落ちるという。

この潰瘍から分離された菌は、ヨーロッパの庭園樹の苗についていた*Phytophthora ramosum*

という菌だった。実験によると、その宿主範囲は広く、一二科、二三種にのぼり、広葉樹だけでなく、ダグラスファーやイチイ、セコイアなどの針葉樹にも感染するという。おもな宿主はナラやカシが属しているブナ科とシャクナゲなどのツツジ科植物である。これもナラ枯れ同様、急速に萎れて枯れるが、伝染しやすく、近年被害が大きくなっているそうである。幸い日本ではまだ発見されていない。

ナラ枯れも今では日本海側だけでなく、太平洋沿岸へも広がり、被害地域は二三府県に及んでいる。さらにこの範囲は硫黄酸化物や窒素酸化物が多いとされる地域と奇妙に重なっているのである。地球儀にナラが枯れている地域を点で落としてみると、面白いことが見えてきた。枯れている範囲は、北緯三五度線以上、五五度線以下の部分をぐるりと取り巻いてドーナッツ状に広がっている。これは、まぎれもなく偏西風が吹く範囲に合致している。偏西風は一体何を運んでいるのだろう。

第五章　並行する温暖化と酸性雨

枯れる日本の樹木

衰弱し、枯れているのはマツやスギ、ナラだけではない。日本でも多くの森林が傷ついている。宮下正次さんから頂いた『写真ドキュメント　立ち枯れる山[1]』を見ると、いたるところで恐ろしいほど木が枯れている。この本は一九九七年に出版されているので、その後一〇年以上たってどうなったのか、心配である。この本には、実際に山を歩き、撮影したものが収録されているので、説得力がある。ちなみに宮下さんは元林野庁の職員で、登山家でもある。

その記述を見ると、奥日光のダケカンバが枯れ、ミヤマハンノキ、ミネヤナギ、ミネザクラ、ハクサンシャクナゲなども一部が枯れているという。日光白根山の山頂近くではシラカバが枯れているが、これは酸性霧によるものとされている。若いダケカンバも枯れているそうだが、その枯れ方はモンゴルで見たものとよく似ている。

奥日光の念仏平や男体山ではオオシラビソやシラビソが枯れて、白骨の海のようだと表現しているが、それほどにすさまじい枯れ方である。一九六〇年代の報告書には、すでにコメツガが枯れていると記載されていたが、枯れた後に生えた幼樹も、今は育たないという。原因については、いろんな説があるが、ヨーロッパでのように大気から来る汚染物質のためと考えられている。

このような標高の高いところで枯れる現象は、南の方でも広がっている。鈴木清さんは神奈川県大山でモミが枯れる様子を一九五四年から八五年まで、五年ごとに空中写真を撮って調査した[2]。それによると、一九五四年当時の枯れ木の本数はヘクタール当たり五・二本だったが、一九六四年には三倍に急増し、一九八〇年ごろまで枯死する木の本数が多かった。また、年輪幅を測定すると、一九六〇年から七〇年にかけて狭くなり、この時期に枯死する木が多かったという。おもな原因はそのころ「主として京浜臨界工業地帯から高濃度で発生していた大気汚染物質、特に硫黄酸化物が考えられるが、断定することはできなかった」と書いている。

大峰山系や大台ケ原ではシラビソやトウヒが全滅しそうになり、ブナも枯れている。一時、ブナが枯れるのはササが広がって、天然更新できないためといわれた。しかし、シカはササをよく食べているが、トウヒもブナも更新しないそうである。最近、トウヒが枯れるのはシカが増えたためとされ、シカが悪者になっている。

宮下さんの「全国立ち枯れマップ」[1]を見ると、樹木の枯れは日本全土に及んでおり、枯れたり、衰弱したりしている樹種は、おそらく数十種に上ると思われる。

一見、空気がきれいそうな北海道でも、一九九〇年に大気汚染による異常落葉が吉武孝さんによって報告されている。[3] 苫小牧の樽前山周辺の森林で、一九六〇年代後半からストローブマツに異常落葉が見られるようになった。そこで、ストローブマツ林の霧水と、雨水、葉の水のpHを一九八〇年に測ったところ、霧水のpHが三・一六と、雨水に比べて一〇倍も低くなっていた。しかも、硫酸イオンの濃度も雨水の三倍だったという。当時異常落葉していたのは、ストローブマツやヨーロッパアカマツ、ハリギリなど一〇種に及んでいる。なお、最近の森林衰退の様子については、伊豆田猛編著『植物と環境ストレス』[4]を参照されたい。

スギの衰退やナラ枯れのところで、タケが枯れていると書いたが、その傾向がこのところますます激しくなってきている。マダケやハチクの色が悪くなり、中に枯れたものが増えだしたのは、一〇年以上も前のことである。旱魃の年には集団で枯れる場合もあったが、おそらく、伐らなくなったために、込みすぎて立ち枯れするのだろうと思っていた。しかし、ここ二、三年のうちに各地で枯れる藪が増え始めた。川沿いに生えているマダケの葉が少なくなり、先端が枯れて次第に立ち枯れする。一気に集団で枯れることがないので、あまり目立たないが、ほとんど枯れてしまったところも増えてきた。過去に花が咲いて一斉に枯れたことがあるが、最近の衰退は花が咲いたせいではない。

モウソウチクはマダケに比べて強いと思っていたら、ごく最近集団で枯れ始めた。二〇〇九年二月一五日に山崎のアカマツ林の手入れを手伝いに出かけたとき、天王山の東斜面でモウソウチク林が灰色になって枯れていた。

虹ノ松原で「白砂青松再生の会」第三回集会を終えた後、三月一六日に九州西端の平戸へ出かけた。松浦鉄道に乗って伊万里からたびら平戸口に至る一時間半ほどの間にモウソウチク林が四カ所白くなって枯れていた。マダケやササの藪もかなりの頻度で衰弱し、枯れている。同様の状態が佐世保近くまで続いていた。その頻度は本州で見かけるよりも高く、九州ではタケの枯れが本格的になってきたのかもしれない。

枯れたウメとヤマザクラ

ウメやヤマザクラも枯れているので、私自身が見たことを少し紹介しておこう。一九八五年ごろから和歌山県田辺市周辺で栽培しているウメが原因不明のまま枯れ始めた。私が初めて訪れたのは、一九九〇年のことで、山の尾根に開墾された畑でウメが立ち枯れしているのを見て驚いた。その枯れ方はクリにそっくりで、葉が小さくなって黄変し、新梢も伸びなくなって枯れる、いわゆる萎凋病だった。地上部に病斑がないので、おそらく原因は根にあると思ったものである。

そのころ和歌山県から出されていた見解は、土壌条件の悪いところへ植えて、大量に施肥し、過剰に実をならせたので、乾燥時期に水切れを起こして枯れるというものだった。その後の研究も栽培管理と気象の変化に重点をおいたもので、土壌病害に関する検討はなされていなかった。[5]

一方、地元の栽培農家は、御坊にある関西電力の火力発電所から出る汚染物質を含んだ煙が原因で枯れると主張していた。電力会社もこれを否定して意見が真っ向から対立していたので、それで

写真5-1　葉が小さくなり、萎れて枯れるウメ

は調べてみようということになり、関西電力が経費を負担して、一九九七年から三年間、調査研究が行われた。大気と栽培関係の専門家に頼んで、原因を調べ、枯れを防ぐ方法について、地元と共同研究することになった[6]。

最初は酸性雨が樹幹流になって根元に降り、根が腐ると予想されていたが、掘って調べてみると、根は先の方から腐っていた。実際には幹から遠いところにある細い根の先が何らかの原因で黒く腐り、次第に太い根に移り、枯れる頃にはごつごつしたサンゴ状の根になってしまう。また、枯れた跡地へ苗を植えても枯れるので、土壌病害の恐れもあった。

根の病気による枯れが予想されたので、小林紀彦さんに頼んで病原菌を分離してもらったところ、初めはフザリウムが、しまいにはシロモンパ病菌が分離されるようになった。フザリウムの毒性はさほどでもないらしく、接種しても枯れないが、シロモンパ病菌の場合はかなり強く根を侵害したので、これが原因の一つだということになった[7・8]。

シロモンパ病菌はリンゴやモモ、ナシなどの果樹の根に感染して、枯らしてしまう厄介な病原菌で、完全な治療法はない。薬剤や拮抗性微生物を使っても、なかなか退治できない病気である。のこ屑が入った未熟な堆肥や木材などを埋めると増えることがあり、古い切り株にも巣くっている。

枯れ始めた場所は発電所の煙突からかなり離れた標高の高い、泥岩の山を削って造成したところで、土というよりも岩が細かく砕けたような場所だった。マンガンの含有量が高いので、酸性雨がかかるとマンガンが溶出して根が傷むのではと考えて、実験してもらったが、枯れるほどのことはなかった。ただし、最近教えていただいた大森禎子さんの説によると、潮風と硫酸イオン、マンガンなどを合わせて考えてみる必要があるかもしれない。人工的に作った酸性雨をウメにかける暴露実験も行われたが、短期間では衰弱や枯れが見られなかった。

初めのころ、シロモンパ病菌による被害木は少なかったが、時がたつにつれて増えていった。そうこうするうち、ウメの枯れる範囲が徐々に拡大し、伝染病の様相を呈してきた。また、不思議なことに、海をはさんだ反対側の徳島県のウメにも同じような障害が出ているという。行ってみると、土壌は違っているが、症状はそっくりだった。火力発電所から出る排煙が流れる方向とは逆の位置に当たる。

調査を始めたころから、紀伊半島だけでなく、関西一円でヤマザクラが枯死する例が増えだした。昔、ヤマザクラは薪炭林などの二次林に多く、コブシと一緒に春先の山を彩っていたものである。

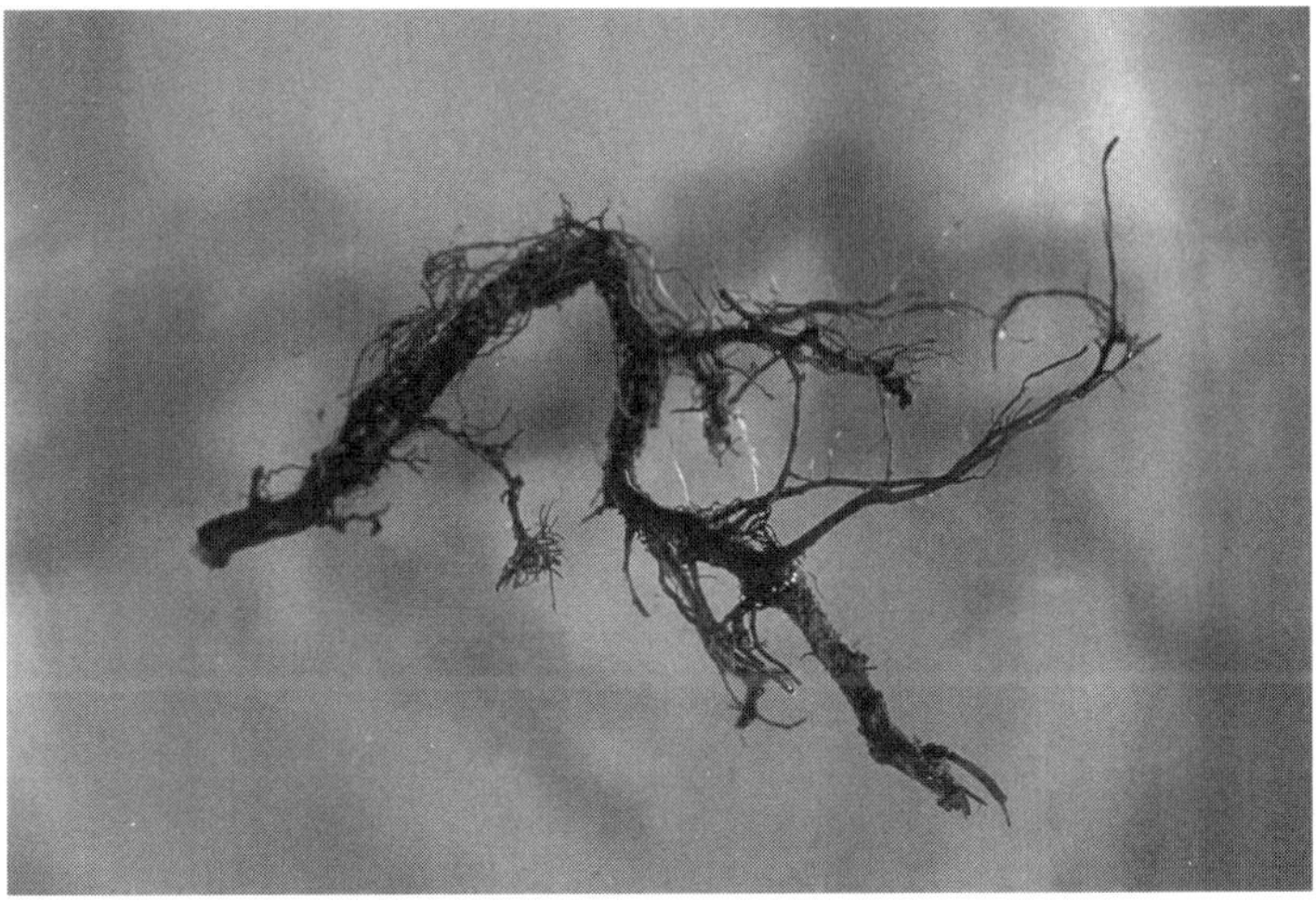

写真5-2　先端から腐って黒くなったウメの根

その後はアカマツが消えた跡にもよく繁茂し、一時はかなり増えていたが、一九九〇年代の初めごろから立ち枯れするようになった。その枯れ方はクリやウメの場合によく似ていたが、吉野の桜のようにナラタケがまん延しているというわけでもなかった。衰弱しているヤマザクラの根を掘ってみても、細根は腐っているが、病原菌は見つからず、シロモンパ病菌がいても、それが原因かどうか、判別が難しい程度だった。最近では近畿地方の山でヤマザクラが一様に減っており、まったく見られなくなったところも多い。

ヤマザクラが枯れだしたころから、衰弱するソメイヨシノが増え、テングス病やナラタケ、木材腐朽菌などによる被害も増えている。その昔、学校の校庭や鉄道の駅などに植えられていたサクラが老木になり、枯れているのをよく目にする。ソメイヨシノはクローン植物で、寿命が短いのは当然とされているが、最近は植えて間もない若い木が枯れることもある。また、以前はヤマザクラが早く咲き、ソメイヨシノが遅かったが、次第に時期が逆転してしまった。なぜこうなるのだろう。どれも理由はわからない。

このウメとヤマザクラの枯れは、私たちが調査をしている間はひどかったが、終わるころには終息に向かい、あまり問題にならなくなった。衰弱したウメの根元にモミガラくん炭や木炭の粉を埋めると、若い根が出て、枯れるのをある程度止めることができた。さらに病原菌との関係もわかったので、多少はお役に立ったかとも思うが、農家の受けた打撃は大変なものだった。今も何か奥歯にものが挟まったような感じである。なお、これらの調査研究結果は、ほとんど未発表のままである。

ウメは人の手が加わっているので、判断しにくいが、山に自生しているヤマザクラがどうしてあれほど枯れたのか、いまだに納得のいく答えはない。ただ、ちょうどこのころから太平洋沿岸でもスギやヒノキ、タケなどが衰弱したり、乾燥のきつい年に枯れたりしたので、すでに広い範囲に土壌汚染が広がっていたのかもしれない。海水温が上がり、温暖化が実感されだした時期とも符合している。

日本の場合、木が枯れてしまうと、汚染に耐性のある他のものが繁茂するので、枯れたという事実が忘れ去られやすい。ここで、少々古い記録を取り上げたのは、枯れた後の生態系の変化を追跡し、過去と現在を比較して考えてほしいからである。樹木の枯死現象は、初め特定の狭い地域で断続的に発生し、次第に主因の働きが強まり、地域的な流行病、エンデミックから広範囲の大流行、パンデミックへと拡大するのが常である。おそらく、一九六〇年代に始まったエンデミックの森林衰退が、今ではパンデミックの段階に達したように思える。

衰退する世界の森林

さほど旅行しているわけでもないのに、最近行く先々で樹木の衰退や枯死を目にする。アジアでも、台湾ではマツ枯れが広がり、韓国では年々被害が北上している。また、ナラ枯れも始まっており、韓国にはナラカシワなどのナラ類が多いので、これから広がる可能性が高い。中国の南部にもマツ枯れが広がり始めたと聞くが、二針葉のマツはどこでも危ない。ギリシャでもマツが萎れて枯れていた。

数年前モンゴルへ出かけたが、ここでも天然記念物のマツの大木が集団で枯れており、すぐそばのカラマツ林もほぼ全滅の状態だった。ウランバートルの近郊では、広い範囲にわたってカラマツが集団で枯れている。公式の報告では、原因は昆虫が大発生し、葉を食べたためで、今はおさまっているという話だった。しかし、奇妙なことに枯れは一定の標高にベルト状で広がっていた。

環境問題に関係している人の意見は、政府見解と違っていて、大気汚染が誘因だと話していた。というのは、共産党政権が倒れてから自由化政策がとられ、ウランバートルの再開発が進み、人口が集中するようになったからである。また、冬の家庭用暖房に石炭が大量に消費されるようになり、町の近くに石炭火力発電所が建設された。そのため、低温が続く季節になると、スモッグが木の枯れている高度に停滞するからだと強調していた。多分、この場合も大気汚染で衰弱した木に害虫がとりついたのだろう。

枯れた林に入ってみると、カラマツは完全に立ち枯れし、根も腐っていた。交じって生えているカンバの類も枯れており、短い萌芽枝を出しているが、幹を揺すると簡単に倒れた。根を掘ると、これも腐っている。モンゴルの人に聞くと、枯れ始めたころに根を調べたが、すでに腐っていたという話だった。この枯れた跡にカラマツの苗を植えているが、一年たって生き残っているものは半分ほどで、菌根も見られず、成長も悪かった。後で訪れたロシア国境では、こんな集団枯れを見かけなかった。

二〇〇八年九月、緑の地球ネットワークの調査団に加わって中国の山西省大同市へ出かけた。黄土高原を高いところから見ようというので、近くにある六稜山に登った。ちょうど花盛りのころで、植物の名前を教わりながら写真を撮っていたら、すぐ下の斜面に灰色に変わった木立が見えた。さらに、谷を隔てた先にも広い範囲で枯れている灰色の林がある。近づいてみるとカラマツで、モンゴルでの状態にそっくりだった。

直接の原因はやはり葉を食べるガの幼虫のようだが、スモッグがたまりやすい場所でもあるらしい。何しろ大同市は中国有数の石炭産地で、いたるところに炭鉱があり、工場や発電所も多い。おそらく、ここでも大気汚染が引き金になっているのだろう。

ヨーロッパやアメリカでも樹木が集団で枯死するのは、歴史的に見れば珍しいことではなかったが、近年その様相が変わってきている。ドイツの有名な黒い森、シュバルツバルトの衰退は年輪解

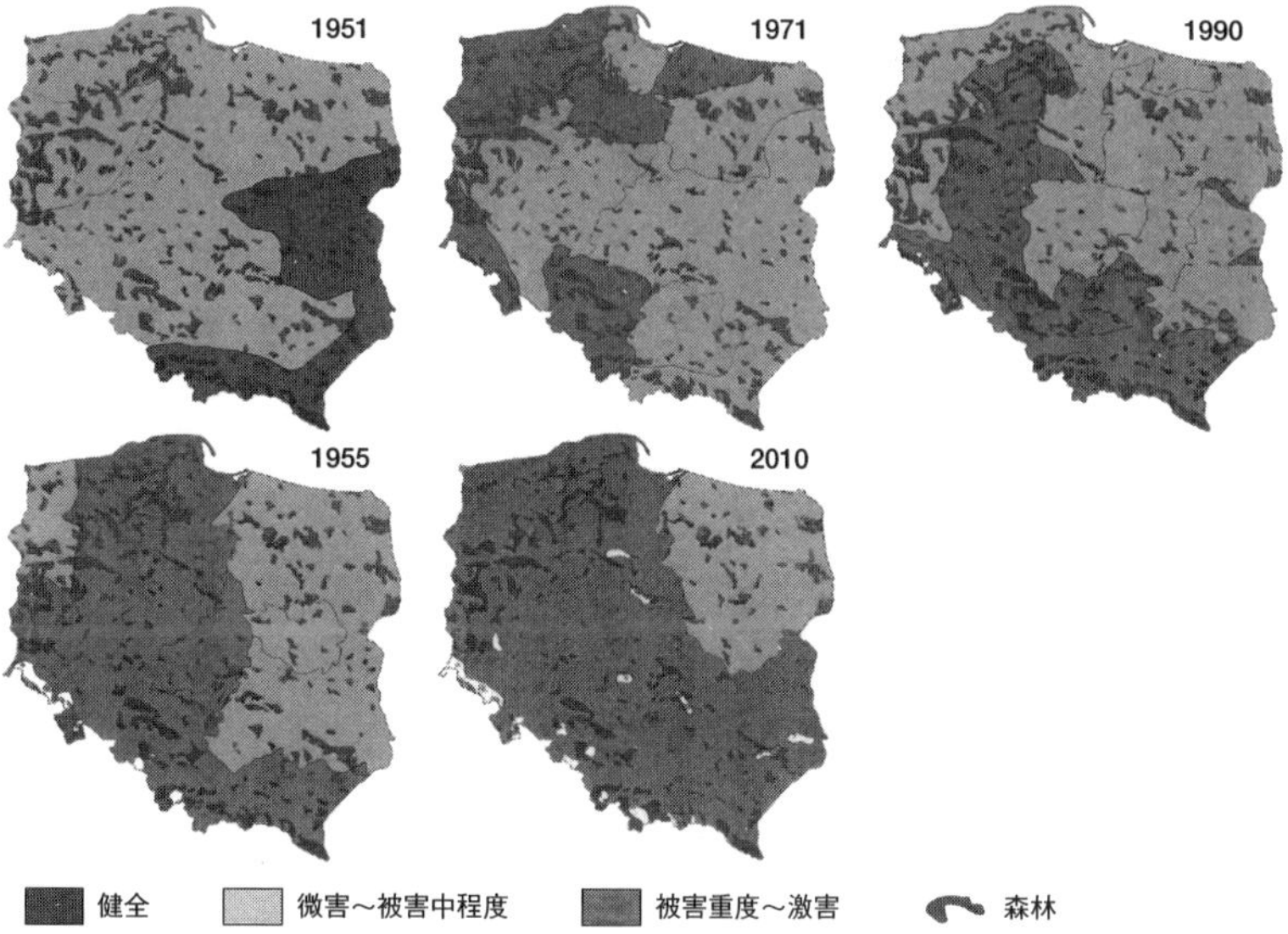

図5-1　1991年のポーランドにおける森林衰退と将来予測（ポーランド森林資源研究所編、1991）

析によると、一九五〇年代から始まっていたそうだが、大量に木が枯れだしたのは、一九七〇年代に入ってからのことである。[9]

一九八八年にヨーロッパにおける森林衰退の現状を調査した報告書[10]を、電力中央研究所の河野吉久さんからもらっていたので、その内容を紹介しておこう。これは文献調査と実際にヨーロッパの研究機関を訪れて情報収集した結果である。

一九七〇年代初頭に始まった西ドイツのヨーロッパモミや一九八〇年代に起こったドイツ南部でのノルウエースプルースの被害は、それまでのものと違った、新しい症状で、大気汚染との関係が心配された。一九七八年から一九八一年にかけて、中央ヨーロッパ諸国でもいろんな樹種に異常現象が見られるようになり、国際問題として取り上げられることになった。この時期に指摘された森林衰退現象を、従来と異なるものとして「新しい森林衰退」または「森林の死」と呼ぶようになったという。

その特徴は、極めて広い範囲に発生すること。被害樹種が多いこと。衰退地域の環境条件が多様であること。樹種によって衰退の特徴が異なること。経済的・景観的影響が大きいことであるとした。ただし、当時ポーランドや東ドイツ、チェコなどで広がっていた急性症状は高濃度の硫酸イオンによるもので、これと区別できるともいう。

この五つの特徴は、日本で今進んでいる現象によく似ている。ちなみに、この針葉樹の衰弱は日本のスギに見られるものとそっくりで、内側の葉が枯れ落ちて、枝が透けて見えるようになる症状である。おそらく、土壌汚染が進行して根が傷害を受けた結果、徐々に衰弱して枯れてゆくのだろう。

ヨーロッパモミやノルウエースプルースの枯れに加えて、一九八八年当時、マツ、ブナ、オークなど、多くの樹種にも衰退が生じ、地域的にもイタリア北部からオーストリア、スイス、フランス東部、ベルギー、オランダからスウェーデン南部、東ヨーロッパまでの広い範囲で問題になっている。

国別の衰退状況を見ると、西ドイツでは一九八四年時点で全森林面積の五〇パーセントに何らかの被害が見られ、トウヒ、マツ、モミなどの針葉樹林が衰退し、ブナ、オークなどの広葉樹林にも広がっていた。一九八三年から八七年の経過を見ると、針葉樹林の被害は減少気味で、広葉樹林で増加しているというが、これも日本で今見る傾向と一致している。

ちなみに、一九八八年度の広葉樹林での病虫害発生率は八六年度に比べて一〇～三〇パーセントへと増加している。スイス、フランス、オーストリア、イタリアなどでもよく似た傾向が見られ、衰退現象がヨーロッパ全体で針葉樹から次第に広葉樹へと移っているのがわかる。

ドイツでは政府の林業局が一九八二年以来、森林の衰退現象を観測し続けており、同じころから他のヨーロッパ諸国でも、観測と研究が盛んに行われるようになった。衰退原因については、一九八〇年代半ばから酸性雨、特に亜硫酸ガスやオゾンと樹木枯死との関係が問題になり、西ドイツやオーストリアでは根や菌根との関係についても研究例が多い。[11・12] 硫黄酸化物によって地上部が衰弱するだけでなく、根が腐り、菌根が消えることも知られていた。そのため菌根菌を接種して、植林する方法もとられていたほどである。

北アメリカの樹木の衰退も、二十世紀初頭に始まったアメリカグリのクリ胴枯病やニレのニレ立枯病以来、一九三〇～五〇年代にかけてカンバやスプルース、モミなどの類にも現れるようになり、樹種も被害面積も増加した。一九六〇年代からはアパラチア山脈北部のレッドスプルースの衰退が拡大し、オゾンやオキシダント、酸性雨など、大気汚染との関連で問題になった。特に東海岸のアパラチア山脈一帯と西海岸のカリフォルニア州でも初めは針葉樹の被害が著しく、後にオークなどの広葉樹に移ったという。カナダでもサトウカエデやカンバの類が被害を受けている。[9] ちなみに、最近アメリカでは庭園や公園のヨーロッパアカマツがマツノザイセンチュウ病で枯れており、大きな問題になっているそうである。

一九七九年に訪れたアラスカの針葉樹林、タイガやカラマツ、カンバなどの森林は、火災にもあわず、まだきれいな状態を保っていた。しかし、数年前にアラスカを訪れた人の話を聞くと、森林火災が頻発し、氷河が後退して森林限界が北上しているということだった。

合衆国農業省林業局、アラスカ地方局が二〇〇六年に出した『アラスカの森林健康状態―二〇〇六』という報告書[13]を見ると、森林衰退が最近急速に進んでいるのがわかる。その中に「二〇〇六年に認められた、最も重要な慢性病と森林衰退は、木材腐朽と生きている木の根腐れ、ヘムロックにつくヤドリギ、アラスカヒノキの衰弱などである……アラスカ南東部では木材腐朽菌による材の腐朽が深刻で、林木の三分の一が被害にあっている。ヤドリギは依然としてヘムロックの成長を阻害し、枯らしており、成熟林に住む野生動物の生息域を狭めている。南東部でアラスカヒノキが衰退している面積は、およそ五〇万エーカーに達している」と書かれている。森林の衰退は極めて広範囲に及んでおり、カラマツやヘムロック、マツなどの針葉樹が落葉して枯死し、カンバやヤナギ、ハンノキの類も葉を落として衰弱しているという。

地球温暖化のポスターといわれているアラスカでは、一九五〇年以後、年平均気温が華氏で二度上昇しており、植物の成長期間が長くなり、最高温度が上がっている。このため、アラスカのような極限状態に近い位置にある生態系は環境変化の影響を受けやすく、森林限界が北上し、特に昆虫の異常増殖や加害、移動などが起こっている。また温度上昇によって、異常乾燥年が増え、水分ストレスによる樹木の衰退が目立ち、森林火災が頻発するようになったという。結論として、このまま温度上昇が続けば、アラスカの森林はより急速に衰退もしくは消失するだろうと述べている。

ここまで書いて、今朝、二〇〇九年四月一二日付の京都新聞の朝刊を開くと、「環境異変」という特集に「変色するカナダの針葉樹。枯死、森がCO_2の排出源に」という見出しが出ていた。カナダの西海岸ブリティシュコロンビア州では二〇〇〇年ごろから天然林が枯れ始め、その被害面積は推定十三万ヘクタールに及ぶという。キクイムシによる加害が原因というが、温暖化が虫の活動を促したともいう。

吸収源とされてきた森林が大面積で枯れて腐ると、巨大な二酸化炭素排出源に変わり、二〇〇〇〜二〇二〇年までの間に二億七〇〇〇万トン排出するとしている。世界中で、このような森林衰退が進むと、救いようのない事態になりかねないのだが、残念ながら先進国での植林事業は一向に進んでいない。

多くの場合、木が枯れると、世界中どこでも主因になる病害虫だけが問題視され、応急処置が先行しがちである。しかし、時代をさかのぼって樹木枯死の発生場所と初期の実態を確かめ、広域で捉えると、思いがけないことが見えてくるものである。惜しむらくは、森林衰退について、いろんな複合要因をつなぎ、一枚の紙の上に全体像を描いた例はまだない。陸上唯一の二酸化炭素吸収源である森林は、今や「枯れる。伐られる。燃える」という三重苦に悩まされているのである。

菌と共生する木が枯れる

自然の生態系は水を入れたゴムの袋のようなもので、多少押さえつけても、水が少なく袋が丈夫であれば、容易に崩れない柔軟性を持っている。生態系という水袋には、ゆとりがあるので、その一部分を軽く押さえても、他の部分が膨れて水袋は破れない。森林生態系では、ある種の樹木が枯れても、他の植物がとってかわるので、見かけ上元へ戻ったように思える。

水袋を強く押さえると、水の圧力が上がるので、針の先を突き刺すだけで簡単にはじけてしまう。袋を押さえる力が環境からくるインパクトで、刺激になる針が病害虫にあたる。このインパクトと刺激が強ければ、生態系が完全に崩壊して元に戻れないところまで行ってしまう。人工的に作ったクロマツ林が枯れると、すぐササ原に変わるように、単純な生態系ほどゆとりがなく壊れやすい。一方、構成樹種の多い天然林ほどゆとりがあって修復能力が高いともいえる。

この柔軟性に富む森林生態系は樹木などの植物だけから成り立っているのではない。目の前にある生態系は多くの生物が関係しあって成り立っている複雑系で、その成員の一部が傷つくと、連鎖反応が進み、やがて全体が崩壊してしまう。

目の前にある生態系は、一見安定しているように見えるが、その時々の環境条件に適応して出来上がったもので、意外にもろい社会である。その成員の中には、植物よりも適応力が高く、容易に変化しやすい細菌や菌、キノコ、小動物から鳥類や哺乳類までいろんな種が含まれているのである。

植物は光合成をする独立栄養生物とされているが、自然界では植物といえども単独では生きられない。植物の大半は根に微生物を惹きつけて共生し、昆虫などの動物の力を借りて繁殖力を保ち、時間をかけて共進化してきた。特に樹木はカビやキノコなどの菌類とつながりが強く、このパートナーなしでは生き残れないものが多い。

これまでに枯れた樹木のほとんどは、キノコと共生して外生菌根を作る、マツ属、モミ属、トウヒ属などのマツ科樹木やコナラ属、ブナ属などのブナ科樹木だった。しかし、最近はカビと内生菌根の一種、A菌根（アーバスキュラー菌根）を作るスギやヒノキ、アラスカヒノキ、ヤマザクラやタケにいたるまで、衰退が及んでいる。

蛇足になるかもしれないが、ここで少し菌根のことに触れておこう。[14] 菌と植物が共生するようになった時期は、今のところ、陸上植物が現れてまもなくのころとされている。というのは、四億年ほど前のデボン紀の植物化石から、根の中に入っている菌糸の化石が発見されているからである。この菌は現存するA菌根菌に近い内生菌根を作り、原始的な大型植物の根に共生していたらしい。おそらく、最初菌は陸上植物にとりついてそれを殺し、栄養を取っていたのだろう。中には、光合成と窒素固定をするシアノバクターと共生して、地衣類へと進化したものもあった。植物と菌の間には、永い間激しい葛藤があったと思われるが、菌は次第に攻撃力をたわめて寄生から共生へと進化していった。

根に侵入した菌糸は植物から光合成産物の糖類をもらい、根から外に出た菌糸は土の中から水やミネラルを吸収して植物に送る、いわゆる共利共生の状態に到達した。その結果、植物は菌に助けられて乾燥した養分の少ない岩盤や砂・泥が堆積しただけの場所に進出し、生存域を広げることができたのである。そのため、この古いカビの仲間は、シダやコケなどの原始的なものから、水生植物や水辺植物以外のほとんどにA菌根を作り、地球上に広く分布することになった。

A菌根菌は絶対共生菌で、植物の成長を促進する一方、植物なしでは生き残れないほどに進化、もしくは退化している。共生する相手の植物種は多いが、菌自体の属や種の数は少なく、一種の菌が多くの相手と共生できるようになっているので、四億年もの永い間生き残れたらしい。ただし、キノコのように性があるのか、どのようにして交配するのか、その生活環の詳細はほとんど知られていない。実は分類学上の地位も、まだあいまいなままである[15]。

胞子はほかの菌類のものと異なって、風船のような球形で三〇～三〇〇ミクロンと極めて大きく、多数の核をもった多核体である。どの胞子も厚くて硬い複層の膜につつまれており、乾燥に強いので、砂漠のような乾燥地に生える植物にもついている。また、耐塩性も高く、塩類濃度の高い海岸砂丘や塩湖の周辺などに生える植物にも菌根を作ることができる。中には炭やモミガラに好んでつくものもあって、これらの資材が農業や植林に使われる理由の一つになっている[14]。

少なくとも、草本植物や灌木類の大半はA菌根植物だが、高木の中にもA菌根を作るものが多い。外生菌根を作る樹種以外のものは、いずれもA菌根を作るとされており、A菌根樹木は起源の古いスギ科から新しいバラ科に至るまで、広い範囲に及んでいる。なお、ユーカリの一部を除いて、外生菌根とA菌根が同じ植物の根に同時に形成されるという例はない。ただし、マメ科植物は根粒と菌根を同時につけているのが普通である。

なぜ、そうなるのだろう。それはA菌根と外生菌根やそのほかの菌根ができた時代が、それぞれ大きく異なっているからである[15]。先に述べたように、A菌根の起源は古く、その宿主の多さと分布の広さ、菌の形態的な変異の乏しさなどから考えて、おそらく植物が進化するにつれて、絶え間なく新しい相手を見つけて共生状態に入って行ったものと思われる。

一方、古植物学のテキスト[16]によると、キノコ、主として担子菌類と外生菌根を作る植物の大半は、まだ恐竜が全盛期にあった一億年ほど前の白亜紀後半に出てきた新しいグループに属している。ジュラ紀から白亜紀にかけて地球上の大陸は、それぞれ分かれて現在の状態に近づき始めた。多分、植物と菌は離れてゆく大陸に乗って移動し、異なる環境条件に適応しながら共進化したのだろう。外生菌根をつける植物は圧倒的に北半球に多く、南半球では少ない。南半球の外生菌根樹木はユーカリとナンヨウブナだけで、当然菌根を作るキノコの種類も少ない。

針葉樹の中でも、マツ科はセコイアやスギなどのスギ科やビャクシンやネズなどのヒノキ科に比べてかなり新しいグループである。アカマツやクロマツは白亜紀に続く第三紀やその後の第四紀に出てきたといわれており、中でもマツ属は、現在最も繁栄している樹種の一つとされている。

ブナ科、ヤナギ科、カバノキ科、フトモモ科、フタバガキ科などの高木になる広葉樹も、やはり白亜紀後半から種類が増え、マツ科樹木とほぼ同時に繁栄するようになった。これらの樹種は落葉、常緑を問わず、いずれもキノコと外生菌根を作っている。このことから見て、キノコと樹木の共生が安定した関係に入ったのは、白亜紀末ごろのことと思われる。

と考える理由は、菌の側にもある。外生菌根菌と樹木との生理的な関係はA菌根で見たものとほぼ同じだが、根の先端を凍害や乾燥、酸素欠乏、病原菌の攻撃などから守る働きがあるという点では、外生菌根のほうがより進化した共生関係にあると思われる。おそらく、六五〇〇万年前、白亜紀と第三紀の間に起こった、惑星衝突とその後の気候変動による生物の大絶滅、K-T境界を乗り切るためには、キノコの助けが必要だったとは考えられないだろうか。大絶滅の後に植物の遺体を分解する菌が一時的に増えたためか、菌の胞子が大量に集積している薄い地層が見つかったという話も暗示的である。[17] おそらくこの時期に菌の側も多様化したのだろう。

担子菌類よりも起源が古いとされる子嚢菌には、シアノバクターなどと地衣類を作るものは多いが、植物と菌根を作るものは少ない。樹木と外生菌根を作るのは、トリュフぐらいで、子嚢菌の大半は腐生菌か、植物病原菌のような寄生菌である。

担子菌の中でも起源が古いと思われるサルノコシカケの仲間、硬質菌は、そのほとんどが木材腐朽菌で、樹木に共生するものはまれである。さらに、セルロースは分解できるが、リグニン分解酵素を欠いたものが多く、子実体は多年生である。

一方、樹木に共生するのは、ほとんど担子菌の中の軟質菌、しかも傘型のキノコである。これらのキノコ類は菌としては新しい仲間に属しており、菌糸体や子実体の構造がサルノコシカケに比べて発達している。軟質菌の腐生性のものには、セルロースとリグニンを分解する菌が多く、その点でも子嚢菌や硬質菌よりよほど進化しているといえる。

また、菌根菌かどうかは、ほぼ属の単位で決まっているが、菌の間の系統的関係は互いに薄い。ということは、菌根を作るようになって以後、それぞれの属が独立的に樹木と共進化したのかもしれない。樹木の方も科の単位で外生菌根植物かどうか決まっているのだから、共進化によって高木になり、繁茂するようになったともいえるだろう。要するに、進化の上からもキノコと樹木は切っても切れない関係にあり、その関係は一億年以上も続いているのである。

地上に時たま顔を出すキノコ、子実体だけを見ていると、その働きを軽視しがちだが、実際は土の中で膨大な量の菌糸体が樹木の根と大きなネットワークを作り、森林生態系を下支えしているのである。地球上に現存する天然林の多くは、キノコやカビに守られている菌根樹林なのだが、それが今まさに枯れようとしている。

化石燃料は過去の生物遺体

越境汚染が問題になりだしたのは、かなり古いことでヨーロッパでは有名な歴史的事実になっている。イギリスでは、十八世紀半ばごろから石炭が燃料として使われだしたが、産業革命後は工業用燃料としても大量に消費されるようになった。そのころから、ロンドンの冬の濃い霧は名物だったそうだが、おそらく酸性霧が降っていたのだろう。

ニコラス・マネーさんの本の中に、面白い話が出ている。[17] 一八二三年、筆名デンドロファイラスという人物が、ロンドンのセント・ジェームス公園で枯れたニレについて、「人間がやったのかと思えるほど乱暴に『ロンドンの肺（ニレ）』の樹皮が剥げ落ちたので、その敵を見張るために寝ずの番を置いた」という。石炭から出る煙に汚れた大都市の中で、ニレの緑は新鮮な空気をはきだす肺のように見えたのだろう。これは、菌を運ぶキクイムシの一種が加害するニレ立枯病だったと記録されている。

一八三六年、ダーウィンはビーグル号による四年間の航海を終えてロンドンに帰ってきた。その年の冬、霧と煙に悩まされた彼は、次のようにロンドンの深刻な汚染を嘆いている。[18]

「牡丹雪ほどの煤のかけらを含んだ黒い雲が、軟らかい靄のように煙突から噴き出して舞い降りてくる。それは、まるで太陽の死を弔いに行くように見える。石炭は地球の腹を裂いて掘り出した地獄の燃料だ。いたるところが冷たいスモッグに包まれて日差しも弱まり、あらゆるものが棺に覆われたかのようだ。頭は重く、痛くなり、胃は働かず、新鮮な空気がないために呼吸困難に陥っている」

それから二〇〇年近くの間、われわれ人類は地中深く埋められていた過去の生物の遺体、石炭や石油を掘り出し、安楽に暮らすために燃やし続けてきたのである。インドネシアの熱帯林やオーストラリアの大平原の真ん中に掘られた露天掘りの炭鉱を見ると、まさに「地球の腹を裂いて掘り出す」という表現がぴったりだった。

オーストラリアのクイーンズランド州には炭田が多い。露天掘り炭鉱から出る残土を積んで、その上にユーカリを植林するプロジェクトに加わったことがある。その時石炭の採掘現場を見せてもらったが、炭層の上を覆っている土の層が二〇メートルほどで、その下に混じりけのない石炭層が厚さ三〇～四〇メートルの厚さで、黒光りしていた。

この炭層はペルム紀に繁茂したシダ植物が炭化してできたものだが、その中に金色に光る筋が何本も見えた。これは硫黄が集積したパイライトというもので、おそらく水中で高温に耐える硫黄細菌の働きでできたものだろう。植物遺体が集積すると、当然それを餌にする動物や細菌、カビなどが繁殖し、窒素化合物も増えるはずである。石炭は炭素だけでなく、元来硫黄や窒素を大量に含んでいるのである。[19]

なぜ、これほど厚い石炭だけの層ができたのだろう。おそらく、泥や土がまったく混じらず、炭層の一〇倍以上の厚さに植物遺体だけがたまらなければ、とうていできないはずである。石炭のでき方を知りたいと思って、何冊かの本を調べてみたが、その成因についてはほとんど推測の域を出ないようだった。今でも熱帯の湿地帯で育った木が倒れて、水浸しの状態で腐らずに堆積しているのを見かけることがある。それによく似た状態で圧力と地熱によって植物の遺体が時間をかけて炭化したというのが一般的な説である。[20]

石炭は三億六〇〇〇万年前のデボン紀末にあった生物の大絶滅の後に始まり、石炭紀、ペルム紀、三畳紀、ジュラ紀、白亜紀、第三紀を通じて、ほぼ三億年の間地中で作られたものである。できた時代が古いものほど良質で、新しくできたものは石炭化が不十分で、褐炭のように不純物や排気ガスの量が多いという。[21] 時代によって環境条件が異なるので、いつも同じようにして石炭化が進んだとはいえないのだろう。

いずれにしろ、膨大な量の緑色植物が空気中の二酸化炭素を光合成によって固定し、それが、そのまま腐らずに地中に埋もれてできたのが石炭である。石炭は黒いダイヤモンドといわれるように、炭素率九〇パーセントを超える炭素そのものである。実は、そのころまだ、木材を腐らせるキノコがいなかったから石炭ができたと、私はひそかに信じているのだが、この話は別の機会に譲ろう。

サウジアラビアで砂漠緑化の研究プロジェクトに加わっていたとき、アラビア石油の人から石油や油田のことを教えていただいた。油田やガス田のある場所は、大抵平野や海底、大きな川が流入する湾などにあるので、地質学、特に古地形学の知識があれば、ある程度推測することができるという話だった。そういわれれば、ペルシャ湾やメキシコ湾、アメリカやアラスカ、シベリアなどの平原で採掘されており、山ばかりの日本列島には、ほとんど見つかっていない。

油田やガス田といえば、油やガスが地下に溜まっているように思っていたが、そうではないらしい。燃料や化学合成品の材料になる、これらの物質は砂や泥が固まった灰色の岩の層に含まれている。したがって、ボーリングしてパイプがその位置まで届くと、パイプの中の圧力が地中に比べて低いために噴き出してくるというわけである。油が抜けると、岩に隙間ができるので、最近は代わりに水を送りこんで、残った石油を絞り出すことも行われているそうである。

石炭同様、石油のでき方もよくわからないが、生物の遺体であることは間違いないだろう。おそらく、小さなプランクトンや藻類、細菌などの微生物とそれを食べる動物の遺体、いわばヘドロが泥や砂に混じり、強い圧力と熱を受けて変性し、油やガスになったのだろう。これも炭素の比率が高い物質だが、もちろん硫黄や窒素、重金属なども含んでいる。これに比べると、天然ガスは気体の状態になっているので、不純物が少なく、いわゆる「環境にやさしい」燃料とされているが、閉じ込められていた炭素を大気中にほうり出している点では、石油や石炭と少しも変わらない。

人類の文明を飛躍的に発展させたこれらの化石燃料にも、しだいに陰りが見え始めた。新しいガス田や油田、炭鉱などが、世界各地で今も開発されているが、無限に採掘できるはずがない。最近の報告によると、採掘可能な埋蔵量は石油で四〇年、天然ガス六一年、石炭二二七年、ウラン六四年とされている。[19]

われわれ人類は、三億年にわたって蓄積された過去の生物遺体を掘り出して、わずか三〇〇年余りで使い切ろうとしているのである。地球温暖化や二酸化炭素の排出削減が声高に叫ばれているが、資源の枯渇はもっと深刻である。今のうちに知恵を働かして急いで準備しないと、人類は生きていけなくなる恐れがある。

地球上に植物が茂り、それがたまって石炭になり、ヘドロが石油やガスになったおかげで、大気中の二酸化炭素の分圧が下がり、酸素分圧が上がって、多様な生物が繁茂できるようになったのである。そこまでたどり着くのに、五億年以上の歳月を要した事実を、あらためて考えてみよう。言い換えれば、地球が炭素を封じ込めてくれたからこそ、私たち人類が生きられるようになったという事実を忘れてはいないだろうか。

エスカレートする越境汚染

二〇〇九年一月二六日付の日経新聞科学欄に「国境越え広がる有害物質、日中韓など共同調査」という記事が載っていた[22]。それには、「日本と中国、韓国など東アジア諸国の研究機関は共同で、有害な化学物質が国境を越えて広がる越境汚染の実態調査に乗り出す。大気中に含まれる発がん物質や農薬の濃度などを調べて越境の経路を突き止める。経済成長が続く東アジアでは大気汚染物質の排出や農薬の使用量が大幅に増え、周辺国への健康影響が懸念されている。原因を解明して対策につなげる考えだ」と書かれていた。

また、日本の国立環境研究所など、一一カ国の政府系研究機関が今年一〇月からＤＤＴなど、毒性の強い農薬の共同観測を始めるという。さらに、同じ紙面に「公害を克服したとされた日本でさまざまな環境指標が悪化している。呼吸器疾患を引き起こす浮遊粒子状物質の環境基準達成率が九州北部で急落、光化学スモッグも西日本で多発する。アジア大陸からの越境汚染が原因とされ、周辺国の汚染対策が急務だ」という。しかし、越境汚染を防ぐ国際的取り決めは、ＤＤＴやＢＨＣ、ダイオキシンなど、有害物質の使用を禁止するストックホルム条約しかないそうである。

中国をはじめとする東アジア諸国やインドの実情を知ると、どうにもならないのではという絶望感に襲われる。もっと早く相手を説得して、調査していれば、少なくとも警告を出して技術援助する道もあったのではと思うのだが。

二〇〇五年九月の科学雑誌、ネイチャーに、ＥＳＡ（ヨーロッパ宇宙開発機構）が「ドラゴンの息吹」という、皮肉交じりの表題をつけた論文を出したという[23]。それによると、窒素酸化物、NO_x（ＮＯ、NO_2）は火力発電所や重工業の工場、交通、バイオマスの焼却、雷、土壌中の微生物活動などから発生し、地上八ないし一六キロの対流圏にたまるという。現在の窒素酸化物排出量は産業革命以前の六倍に達しており、海沿いやきれいな場所に比べると、都市部では濃度が千倍近くになったともいう。

よく知られているように、この窒素酸化物にさらされると、呼吸疾患にかかりやすくなるが、長期間さらされるとどうなるか、まだ詳しいことはわかっていない。このガスは低レベルのオゾンを発生させるので、人体に有害な光化学スモッグの原因にもなっている。

この研究チームは人工衛星を使って、二酸化窒素の排出量を測定している。都市部の多い西ヨーロッパとアメリカ東海岸では、以前から窒素酸化物の排出量が多かったが、一九九〇年代以降は微

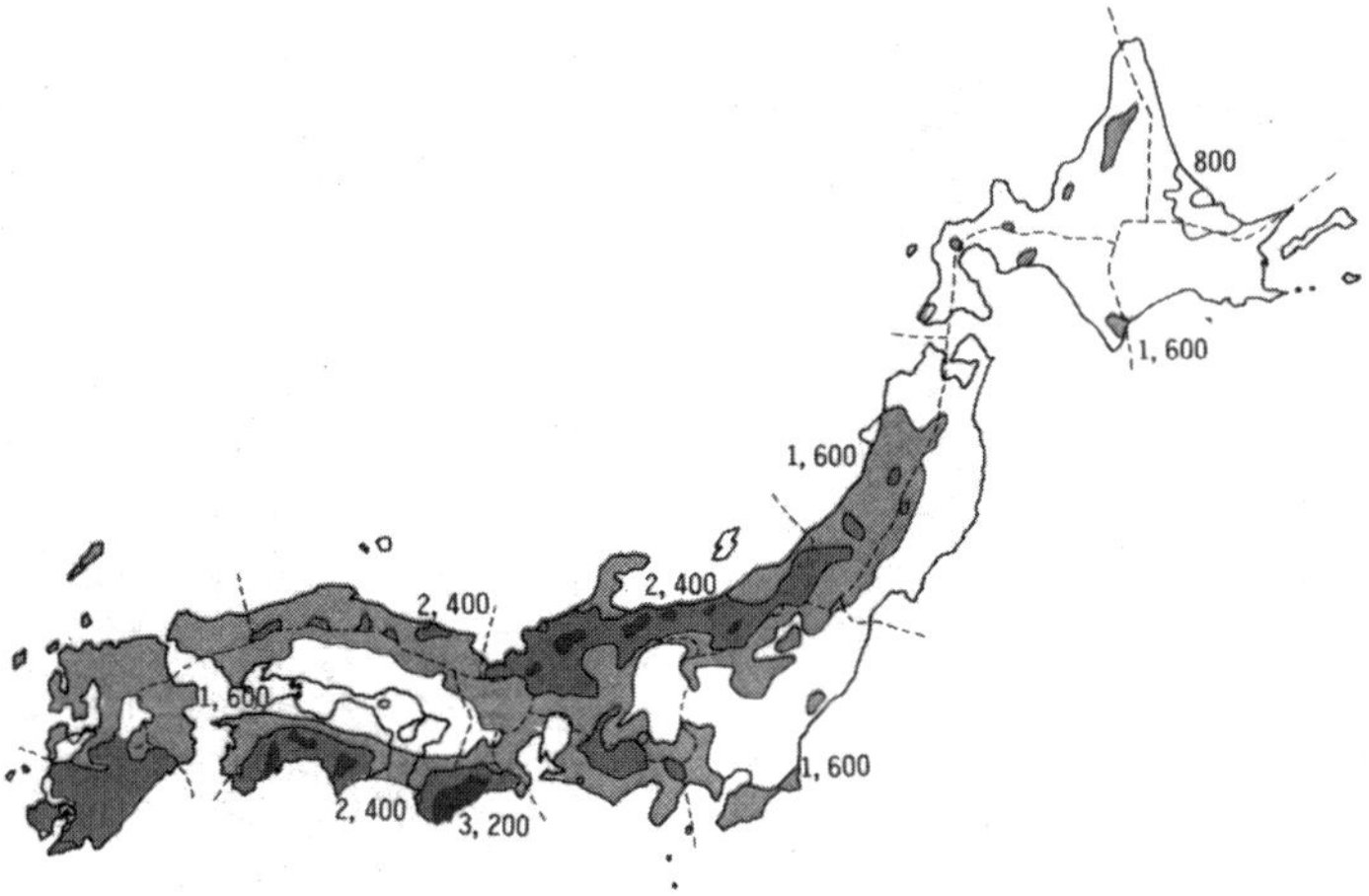

図5-2　日本の気候区分（破線：斉藤ら、1957）と年降水量（実線：mm/y単位）の分布（電中研レビュー、1994）

増か、減少傾向にある。

一方、一九九二年以降は中国からの排出量が増加し、二〇〇〇年の数値は一九九六年に比べて約五〇パーセント増え、この傾向は今も続いている。しかも、そのスモッグは東へ流れ、日本列島をすっぽりと飲み込んでいるのである。中国のシンボル、竜が有毒ガスを吐き出し始めたというわけである。

さらに、中国中東部の工業地帯と都市域から排出される二酸化窒素の量を、月ごとに五年間調べてグラフに表している。それを見ると、排出量は明らかに暖房が必要になる冬に増加し、ここ五年間増え続けている。ちなみにこの調査は中国側と共同で行われたものである。

排出されているのは窒素酸化物だけではない。亜硫酸ガスなどの硫黄酸化物も石炭や石油の燃焼に伴って大量に排出されている。一九九四年に電力中央研究所から出された報告[24]を見ると、中国、韓国、日本、台湾、北朝鮮などの東アジア地域から出るSO_2の量は、推計で年間約二〇〇〇万トンに達していた。その九〇パーセントが中国からのもので、このほとんどが窒素酸化物と一緒に風に乗って日本列島へやってくる。ちなみに、中国の所要電力の七〇パーセントが石炭火力に依存しているのである。

同じ報告書に載っている年間降水量と硫酸イオンの湿性沈着量の関係を見ると、「沈着量は降水量にほぼ比例して増加するが、日本海側と太平洋側では明らかな差が見られる。ことに日本海側の方が硫酸イオンの量が多く、この傾向は冬季に顕著である」と書かれている。この結論は山形大学の調査結果とも一致し、一九九〇年代はナラ枯れが本格的に広がり始めたころである。このことは村野健太郎さんによる解説（図5-3）を見ると、さらにはっきりしている。

それから二〇年、汚染物質の量は増え続け、雨や雪、ほこりや黄砂と一緒に、わが日本列島に降り注いでいるのだから、植物も動物もおかしくならないのが不思議なくらいである。日本列島はちょうど風の通り道に当たり、高い山脈がフィルターの役割をして、雨や雪、霧を降らせている。長い間「生物種が豊かで、温暖湿潤な気候に恵まれた我が国は……」と教えられていたが、今やごみ溜めにも等しい有様らしい。

冬に韓国や中国を訪れた経験からいっても、中国の北部や韓国、北朝鮮などでは、冬の温度が氷点下になるため、暖房が欠かせない。当然、韓国のオンドルのように、石炭やそれを原料とした煉炭が四六時中焚かれることになる。これらの石炭は国内用のために低質炭で、硫黄や窒素の含有率が高く、中には北朝鮮のように泥炭や褐炭を燃やしているところもある。

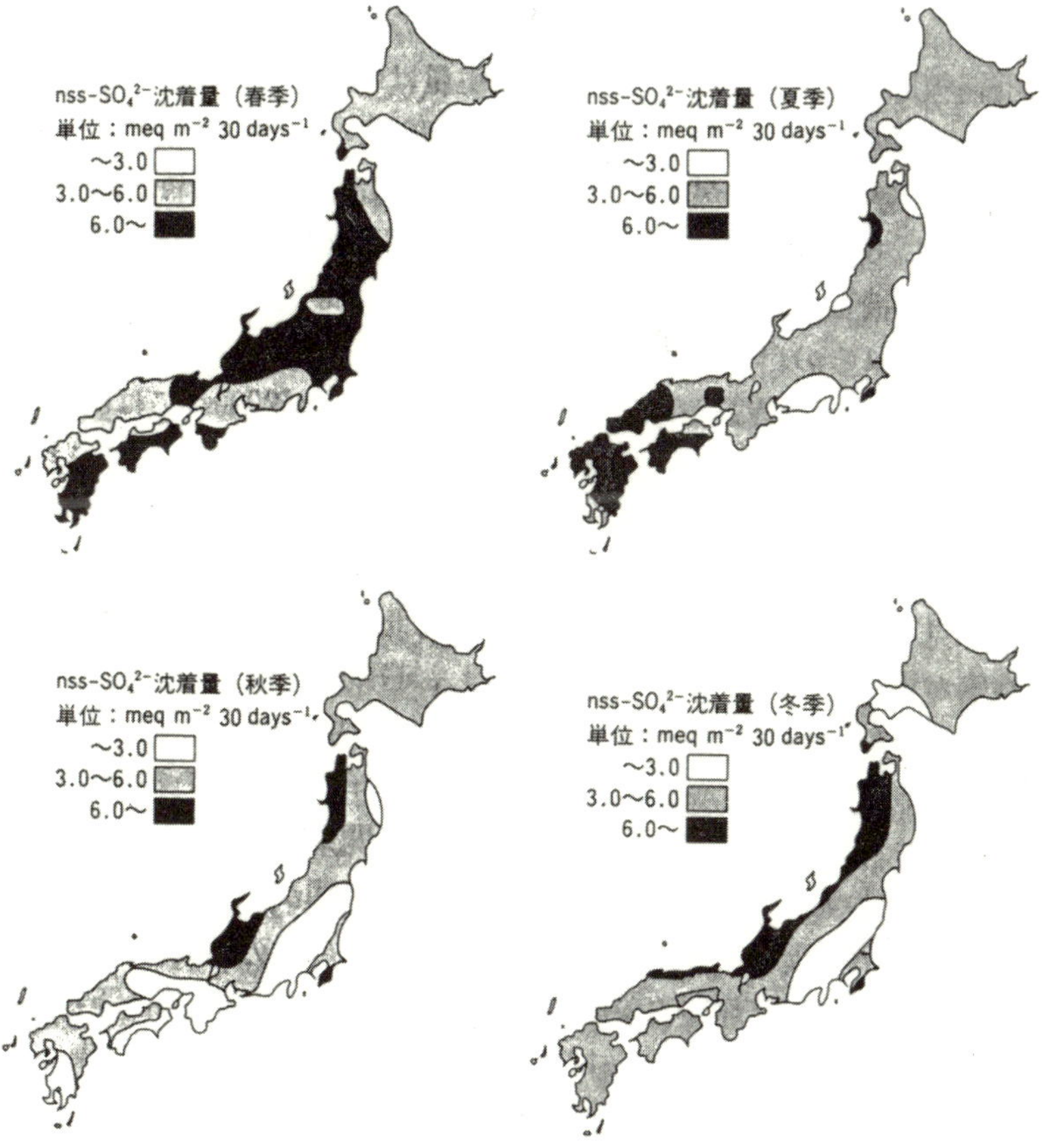

図5-3　降下物モニタリングによる非海塩硫酸塩の季節別降下量の分布。太平洋側では春から夏にかけて、硫酸塩の降下量が多く、日本海側では秋から雪の降る冬と春にかけて多くなっている（村野健太郎、資源環境対策、32（12）1996を改変）

今はかなり良くなったが、一〇年ほど前までは北京空港でも石炭の燃える匂いがするほどだった。春先に山西省の大同市を訪れたときには、町中硫黄の匂いが立ち込め、着くとすぐ喉がかゆくなったものである。最近はセントラルヒーティングやスチーム暖房に変わり、自動車の排気ガスが加わっている。発電所の煙突は高くなり、以前にも増して排煙を出している。

北京や上海のような大都市では、かつて流れるように走っていた自転車に変わって、自動車が道路を埋め、地方へ行っても黒い排ガスをまき散らして走るトラックが列をなしている。いつ行っても、都会はスモッグに包まれ、空が晴れることもない。

一九八〇年代の初めから、東南アジアや韓国、中国などへ仕事で出かける機会が増えたが、九〇年代の半ばごろから、飛行機の上から見る空が気になりだした。飛行機の高度は九〇〇〇メートルほどだが、西へ飛ぶときは逆方向に、帰りは追いかけるように東に向かって灰褐色の帯のような雲が流れていた。この雲は筋状にどこまでも続いており、どんよりしたいやな色である。これが先に述べた対流圏の汚染されたスモッグに当たるらしい。

黄砂が飛ぶ季節に飛行機に乗ると、少し高度が低い位置に薄い茶色みを帯びた靄のような雲が、やはり同じように東に向かって流れている。いろんな報告書を見ると、やはりあれは汚染された雲だったと思われる。

最近は黄砂の飛来する頻度が高いので、汚染物質は北から来るものと思いがちだが、季節が変わるとモンスーンに乗って南からもやってくる。冬の間は北西から吹く風がほとんどだが、春から秋にかけて西南から吹く風が大量の雨を運ぶ。雨量の多い地域は南九州から四国南部、紀伊半島などで、多い年には降雨量が四〇〇〇ミリを超える。この地域も硫黄酸化物の沈着量が多く、木の枯れ方も近年目立つようになってきた。これまでにも、モミやヤマザクラ、スギ、ウメなどが衰弱して枯れる例があった。

中国の工業地帯は、北よりもむしろ内陸部や沿岸部、広東省などに集中している。かつて、長江以南では真冬でも暖房が禁じられていたので、冬のスモッグはほとんど気にならなかった。しかし、工業が盛んで人口稠密地帯が多く、夏の冷房が普及してきたので、以前に比べて最近の汚染物質の排出量は急増している。

東南アジアの大都市から出るスモッグは、雨の降る頻度が高いためか、それほどひどくないように見える。しかし、インドネシアの首都、ジャカルタの瓦屋根は、二〇年前にはコケが生えて黒ずんでいたが、このところ洗ったようにきれいなレンガ色になっている。おそらく硫黄酸化物によって、瓦についていたシアノバクターや地衣類が死んでしまったのだろう。

当たり前のことだが、熱帯は一年中真夏のような暑さで、とうてい仕事にならない。ここ数十年の間にできた近代的なビルや普及した車の中も冷房なしではいられない。いったん冷房が利いたところで暮らしだすと、暑いところへ出られなくなり、オフイスビルやホテルは寒いほど冷やされている。この冷房のもとになるのは、やはり化石燃料、中でも石炭、石油である。もちろん、発電所には脱硫や脱硝装置がないので、窒素酸化物や硫黄酸化物は出っぱなしである。それが梅雨季から秋にかけて、気流に乗って日本までやってくる。

カリフォルニア大学スクリップス海洋研究所の報告[25]を見ると、今茶色の「汚染雲」がインドや中国などで問題になっている。これはインドや中国から排出される汚染物質とエアロゾルという微粒子が、茶色の霞のようになって移動するもので、インド洋周辺の雨の降り方など、気候変動にも大きく影響しているという。

一〇年ほど前までは、汚染は都市域のものと思われていたが、今では人工衛星を通して得られたデータから、新しい事実が見えてきた。汚染雲の移動速度は速く、あっという間に海洋全体を覆い、五日ほどで中国からアメリカ西海岸に到達する。さらに三、四日でアメリカからヨーロッパへ移動するそうである。

二〇〇八年四月から国立環境研究所が、東アジアの発電所や工場、都市域などから出た窒素酸化物や硫黄酸化物、エアロゾルといわれる微粒子が黄砂と一緒に偏西風に運ばれて日本に降りてくる様子を、リアルタイムで流すことになった。その様子を見ていると、日本列島は四六時中汚染大気に覆われているように見える。

情報が増えるにつれて、環境汚染が都市から周辺地域へ、地域から国境を越えて地球規模へと拡大していることが、手に取るように見えだした。今では北半球の汚染ガスが、北極はおろか、南極まで達しているともいわれだしている。環境汚染がこれ以上に進まないように、また環境を修復するために、今や地域や国の壁を取り払って協力し、具体的な行動に移らなければと思うのだが、いかんせん口ばかりで、一向に体が動いていない。

酸性雨と土壌汚染

電力中央研究所の藤田慎一さんによると、[26] 一八六二年夏、保守党の重鎮だったダービー伯が自領に近いセント・ヘレンズの森林荒廃を取り上げ、イギリス上院に持ち込み、対策のための特別委員会を開いたという。森林衰退の原因が、近くのソーダ灰の製造工場から出る塩化水素によるとされたので、彼は排出を規制するための法案を議会に提出した。紆余曲折はあったが、一八六三年には「アルカリ法」が発効し、これが近代的な環境法の先駆けになったという。

英国王立協会会員の化学者、アンガス・スミスという人が初めてアルカリ監督官に任命され、イギリス全土にわたって調査を行い、酸性の雨が森林を衰退させ、建築物を劣化させることを明らかにした。彼は一八七二年に『大気と降水』という本を書き、その中でアシッドレインという用語を使ったといわれている。

その後イギリスでは工業がますます盛んになり、一九五二年にスモッグの量を減らすために煙突を高くする法律を定め、一九五六年から施行した。確かに国内の被害は多少軽減されたが、その煙が海を越えてスカンジナビア半島に達し、森林に被害が出始め、北欧三国の湖沼から魚が消えたという。カナダでもベニザケが全滅した。アメリカとの国境にある工業地帯が酸性雨の発生源とされた。一九七〇年代以降は、世界中で酸性雨による被害が顕在化し、酸性雨が政治問題化するようになった。

陸上の生態系に影響を与えるのは、pH五・六以下の酸性の雨だけではない。国立環境研究所の村野さんによると[27]、人によって「酸性雨に酸性のガスと粒子状物質を含んだものを酸性降下物」といい、「大気汚染物質イコール酸性雨」または「酸性降下物にオゾンなどの酸性化物質を含めて、大気汚染物質全体を酸性雨」というなど、その定義はさまざまである。

気流に運ばれて空から降ってくるのは、硫黄酸化物や窒素酸化物などの酸性降下物のほか、アルカリ性のアンモニアや黄砂、エアロゾルと呼ばれている重金属などを含んだ微粒子、煤などである。黄砂やエアロゾルなどは酸性降下物を吸着しているともいわれている。

人間の生産活動や生活から出た有害物質は地球の上空を回り、予想もしないところに落ちている。落ちてきた汚染物質は、すべて海や陸地に溶け込んで、ゆっくりと蓄積される。三〇年前の一九七九年、空気がきれいなはずのアラスカの氷河が黒々と汚れていたのに驚いたことを、今あらためて思い出す。すでにそのころから北極の空は汚れていたのだろう。

東京都でスギの衰退を調べていたとき、土壌も汚染されているのではと思ったことは先に述べた。その後、一九八九年に千葉大学の亀岡喜和子さんたちが、「関東地方におけるスギの衰退と土壌の酸性化」という論文[28]を出している。著者らは衰退症状の軽いスギと重いスギを選び、根元と樹冠の端に当たる地点の表層土壌について、細根量とpH、置換性アルミニウムの量をそれぞれ測定した。

それによると、「調査結果から明らかなのは、衰退が進んだ地域ほど低pHで、置換性アルミニウムが多いという点である。また、木の端と根元を比べると、根元の方が低pHでアルミニウムも多いので、酸性降下物が幹を伝わって落下し、土壌を酸性化しているようだ」という。細根の状態は詳しく書かれていないが、土壌の酸性化がスギの根を弱らせ、それが地上部の衰退につながるのではないかと予測した報告である。

このほかにも、同じ年に森林総合研究所のチームが関東地方のスギを対象にして、被害木と健全木の根元で土壌のpHを測定した例[29]がある。その結果を見ると、幹を伝って流れる樹幹流のせいで根元では土壌のpHが低く、幹から離れるにつれて高くなり、土壌中では太い根に沿って酸性物質が移動するとしている。土壌中の化学物質の変化は捉えていないが、スギの衰退現象は必ずしも酸性雨のせいだけではないと結論づけている。

酸性降下物に対する森林や土壌の緩衝能については、よく研究されており、石塚和裕さんによる総説[30]がある。ただし、これまでに行われた調査や酸性降下物の暴露試験は、いずれも酸性雨を意識したもので、その中に含まれる汚染物質に焦点を絞って見たものは少ない。落ちてきた降下物は希釈され、土壌には緩衝能があるので無害化すると思われがちだが、本当にそうだろうか。まず、酸性雨の原因の一つとされる硫黄酸化物について見てみよう。

手元に二〇〇八年一〇月二〇日付で、大森禎子さんが第一二五回河川文化を語る会で講演された「硫黄酸化物と樹木の立ち枯れの関係[31]」という講演の要旨があるので、それに沿って考えてみよう。

大森さんによると、硫酸ガスの変化過程は次のようになる。「化石燃料の燃焼によって大気中に放出された二酸化硫黄（SO_2）は植物細胞を破壊して酸素を奪い、三酸化硫黄（SO_3）になり、水に溶けて硫酸（H_2SO_4）になる。さらに、硫酸が風で運ばれてくる塩化ナトリウム（NaCl）と土壌や空気中にある二酸化マンガンと混合すると、強い毒性を持った塩素（Cl_2）が発生する。このとき同時に発生する硫酸水素ナトリウム（$NaHSO_4$）と硫酸マンガン（$MnSO_4$）は潮解性が強く、植物の細胞から水分を奪う。これらの複雑な物質変化の過程で植物の細胞が破壊されて根が萎れる。

また、大気中の硫酸は風で移動し、樹木などの植物体に付着するが、水分だけが蒸発するので、硫酸自体はそのまま残ることになる。そのため、樹木の葉や枝、樹皮などの表面にたまった硫酸は、雨や雪で洗われない限り濃縮され、雨が降ると葉の成分を溶かしながら幹や枝葉の先から、地表に落ちる。そのため、樹幹流が多いものではスギのように根元の土壌が酸性化したというわけである。

硫酸が土に入ると、土壌中に多いアルミニウム（Al）や鉄（Fe）を溶けやすい金属硫酸塩の形に変える。これが水に溶けて植物に吸収され、形成層にあるリン酸（PO_4^{3-}）と化合し、不溶性になるので、植物は代謝に必須なリンを使うことができなくなって細胞が死ぬ」という。

おそらく、土壌中のリンが不溶化すると、困るのはリン酸塩が必要な菌根菌などで、根の細胞が死ねば、菌根を作ることもできなくなり、同時にいなくなってしまうと思われる。

ちなみに、マツくい虫で枯れたマツの幹を伐ると、断面が青く染まっているのが普通だが、これも関係があるらしい。というのは、大森さんによると、「木が硫酸鉄（$FeSO_4$）を吸収すると、リン酸と化合してリン酸第一鉄（$Fe(PO_4)_2$）になり、次いで大気中の酸素によってリン酸第二鉄（$FePO_4$）に変化するとき、暗青色になり、時間がたつと酸素と水を吸収して加水分解し、黄褐色に変わる」というからである。

大森さんはこの考えを実証するために何年も各地を歩き、土壌や植物のサンプルを集め、分析を続けてこられた。化学的な変化過程はわかりやすく、現実に起こっていることにも符合する点が多

表5-1　大気から土へ、硫酸イオンの反応式（大森禎子　2008）

硫酸と風送海塩の反応

$2NaCl + MnO_2 + 3H_2SO_4 = 2NaHSO_4 + NnSO_4 + Cl_2 + 2H_2O$　(1)

$NaCl + H_2SO_4 = NaHSO_4 + HCl$　（$MnSO_4$溶解度 136g/100gH_2O/16℃）　(2)

$Na_2SO_4 + H_2SO_4 = 2NaHSO_4$　(3)

硫酸と土壌の金属の反応→金属硫酸塩とリン酸の反応

$3FeSO_4 + 2Na_2HPO_4 = Fe_3(PO_4)_2 + 2NaHSO_2 + Na_2SO_4$　(4)

暗青色に変化　O_2 ↓　O_2

$FePO_4$ → $Fe_2O_3 \cdot nH_2O$ 黄褐色

$3Fe_2(SO_4)_3 + 6Na_2HPO_4 = 6FePO_4 + 6NaHSO_4 + 3Na_2SO_4$　（$K_{spFePO4}$ 1.3×10^{-22}）　(5)

$3Al_2(SO_4)_3 + 6Na_2HPO_4 = 6AlPO_4 + 6NaHSO_4 + 3Na_2SO_4$　（$K_{spAlPO4}$ 1.3×10^{-20}）　(6)

い。しかし、まだ、関連学会には受け入れられにくいそうである。

硫酸酸性土壌のような強酸性土壌に植物を植えると、アルミによる成長阻害が出るという事実はかなり古くから知られていた。酸性雨に含まれる硫酸イオンによって土壌中のアルミが溶けだし、それが植物の根を傷つけるという事実は実験的にも証明されており、少なくとも農作物などではよく知られている[32]。

針葉樹の菌根について、三年生のヨーロッパアカマツに、硫酸で調整したpH三の酸性雨を人工的に降らせると、根の全量はさほど変わらなかったが、酸性雨にさらしたものでは細根の出方が極めて悪くなり、菌根の形成も阻害されたという。菌根の種類によって感受性が異なり、消えやすいものと生き残るものがあったことや遊離のカルシウムやアルミニウムが増えたという事実も面白い[33]。

落葉広葉樹のレッドオークの苗を用いた実験では、オゾン暴露すると、細根の量が増えて菌根の形成率が高くなり、亜硫酸ガスにさらすと、細根が減って菌根形成が著しく阻害されたという報告[34]がある。オゾンには殺菌効果があるので、土壌がうまく部分殺菌されたために、菌根の形成が進んだのかもしれない。いずれの場合も土壌条件に左右されるというが、硫黄酸化物が根や菌根に有害である点では一致している。

雨だけでなく雪や霧、黄砂、微粒子などによって運ばれてくる汚染物質の種類や量は、報告書[35]を見るだけでも年を追うごとに増加している。日本では削減努力のせいで減っているというが、東アジアでは急速な経済発展と環境対策の遅れもあって、かつてヨーロッパ全域で問題になったように、陸域と水域の双方で広域汚染が広がっていると思われる。

窒素飽和と木の衰弱

第一章に書いたが、土壌中の窒素が増えて植物が徒長しているようだと思い始めたのは、海岸にマツを植えだしてからのことである。ここ一〇年ほどの間にあらゆる木の梢や枝が、いつまでも新芽を出しながら伸び続けるようになった。一九八〇年代の終わりごろから欧米で問題になりだした「窒素飽和現象」が、どうやら日本でも目に見えるようになってきたらしい。

スギの人工林から出る渓流水に含まれる硝酸態窒素の量が多いという事実は、数十年前から知られていたが、その当時は季節的な変動の結果とされていた。ところが最近は季節に関係なく、窒素が流れ出しているらしい。

二〇〇二年一〇月一八日付の京都新聞には森林総合研究所関西支所の研究グループが雨水や渓流水の窒素量を測定した結果が報道されていた[36]。それによると、山城の不動川上流にある雑木林に降った窒素成分は、土壌に吸収されず八割以上が流出していたので、窒素飽和の可能性があるという。
二〇〇八年に開かれた土木学会環境研究フォーラムのポスターセッションを見に行ったら、その中に窒素飽和現象を取り上げた報告が二つ出ていた。一つは富山県立大学短期大学部環境工学科の川上智則さんたちのポスターで、裏妙義山で測定した窒素沈着物の量が異常に増加していたというものだった。このほか、富山県内やそのほかの地域で山林から出る渓流水の窒素を測定し、窒素飽和現象を認めている。もう一つは群馬工業高等専門学校の研究チームの発表で、群馬県の森林から出る渓流の窒素の量が増えて、ヘクタール当たり年三〇キログラムになるが、これは首都圏から来る汚染物質の影響かという報告だった。いつの間にか日本中が窒素過多の状態に陥っているようである。

では、窒素飽和現象とはどういうものだろう。これについては、先に紹介した『植物と環境ストレス』という解説書[37]の中で、国立環境研究所の中路達郎さんが多くの文献をあげて、解説されているので、興味のある方はそれを参照されたい。わかりやすくいえば、以下のようなことになる。

森林から出る水の検査は、健康診断の時の尿検査のようなもので、渓流水の化学的組成は生態系の健康状態を表す指標として使うことができる。よく知られているように、森林に供給される窒素は、雨に溶けて落ちてくる窒素とアゾトバクターのような細菌が土壌中で固定する窒素、マメ科植物などの根で根粒を作る窒素固定細菌のリゾビウムやハンノキなどの根で放線菌のフランキアが固定する窒素などが主なものである。

植物体が死ぬと、その窒素を動物や微生物が餌として摂り、体内で濃縮する。これをまた植物が菌根菌などを介して効率よく吸収して成長に使う。このように森林の中の窒素の循環には数多くの生物が絡んでおり、まったくといっていいほど無駄のない仕組みができ上がっている。いいかえれば、森林の生物は窒素飢餓に近いギリギリの状態で暮らしているともいえる。

そこへ外から少量の窒素分が加わると、飢えていた植物はすぐ反応して成長し、徒長してしまう。貧栄養土壌で暮らすことになれているアカマツやクロマツのような先駆植物ほど、その反応が早いというわけである。その昔、堆肥や下肥だけで栽培していたキュウリや菜っ葉に、水で薄めた硫安をかけたら驚くほどよく育ったのと同じ現象である。

植物が育って吸収・消費している間は、何とか循環のバランスが保たれているが、その限度を超えると、窒素が土壌にたまらず、水に溶けて流れ出てしまう。そのため、渓流水の中の窒素濃度が上がるというわけである。いいかえれば、窒素が必要以上に入ってきた状態を窒素飽和と呼んでいるのである。

空から降ってくる窒素は、中路さんによると「大気成分の大部分を占める窒素ガス（N_2）ではなく、化学的反応性の高い二酸化窒素（NO_2）や一酸化窒素（NO）などの窒素酸化物（NO_x）や、アンモニアガス（NH_3）、アンモニウムイオン（NH_4+）などの還元態のアンモニウム性窒素（NH_y）である。地球全体の窒素循環におけるNO_xやNH_yの大気への放出の大部分は人間活動による」という。

また、地球規模の窒素循環量は窒素肥料の増加や化石燃料の大量消費によって、一九七〇年代以降急増した。その結果、大気への放出量も増加し、「一酸化窒素とアンモニアの放出量は、一九七五年でそれぞれ年間二〇テラグラム（テラは10の12乗）、二三テラグラムだったが、二〇〇〇年にはそれぞれ一・七倍、二・二倍に増加したと報告されている」という。

一九九二年と二〇一五年の窒素降下量を、国連環境計画がモデル計算した例で見ると、「一九九二年の陸域全体の窒素降下量は、ヘクタール当たり年間平均四・四キログラムで、北アメリカや中央ヨーロッパ、中央アフリカ、東アジアや南アジアなどでは一〇キログラムを超えるところがあった。それが二〇一五年には、低く見積もっても平均五・〇キログラムを超える」というのだから、地球全体に薄い窒素肥料を撒き続けているようなものである。日本では一九七〇年代以降、硫黄酸化物の降下量は減っているが、窒素の方は横ばいから少し増加傾向にあるという。

この膨大な窒素が、すべて土壌や水に入るのだから、生物に影響が表れるのも当然である。土壌に入った硝酸態窒素は脱窒菌によって窒素ガスになり、ある程度気化するが、大部分は表層土壌に集積する可能性が高い。大森禎子さんからいただいた、先のデータを見ると、硫酸イオンと硝酸イオンが深さ一〇センチまでの表層土壌（鉱質土層）にたまり、雪の多いところでは深いところまで移動しているのがわかる。その他にも表層土壌だけでなく、土壌の深い層にも窒素がたまっているという報告が多くなっている。おそらく、堆積腐植（A_0層）が厚い場合は、窒素酸化物の大半が有機物と反応して、複雑な化学変化を起こしていると思われるが、その詳細はわからない。

最近のように、降ってくるアンモニア態窒素の量が増えると[34]、土壌中で硝酸還元作用が進む。この過程はよく知られており、ニトロソモーナスという亜硝酸菌が働いて、アンモニアを亜硝酸に変え、ニトロバクターという硝酸菌が働いて亜硝酸を硝酸に変える。植物は一般に硝酸態窒素かアンモニア態窒素と硝酸態窒素の混合物を利用するとされており、菌の場合と好みが異なっている。

マツタケの場合もそうだが、一般に菌根菌は窒素源として、おもにアンモニア態窒素かアミノ酸を利用することが、実験的に確かめられている。一方、硝酸態窒素はほとんど利用されないだけでなく、亜硝酸態窒素や高濃度の硝酸態窒素を与えると、菌糸の変形や成長阻害が見られる。菌の種類によって感受性が異なるので、一概にはいえないが、窒素酸化物は菌根菌に有害または無効と考えた方がよい。

繰り返しになるが、酸性雨の元になる硫黄酸化物は根に有害なアルミが溶け出す原因になる。窒素酸化物やアンモニウムイオンは根を徒長させて菌根の元になる細根の発生を抑え、さらに共生する菌の成長を抑える。弱った根に感染する病原菌も増えているかもしれない。そのために水や養分の吸収に必須とされる吸収根、いわゆる細根が死ぬ。樹木の生命を支えている吸水力が低下すると、樹体が衰弱し、害虫やそれが運ぶ病原体に襲われて、さらに導管や篩管が破壊されて死にいたるという図式になる。

二酸化炭素の排出量と汚染物質の量は比例しているはずだが、詳しいデータはどこを探しても出てこない。推定が難しいのか、少なくとも一般人が入手できるところにはない。化石燃料の燃焼によって排出される二酸化炭素の量が、産業革命以後、さらに一九七〇年代以降、地球全体で急速に増加しているのは事実である。石炭や石油、天然ガスなどに含まれる硫黄酸化物や窒素酸化物の量も、脱硫・脱硝装置を装備して除去しない限り、確実に大気中へ放出されているはずである。二酸化炭素の排出は、間違いなく汚染物質の排出そのものであるといえる。

したがって、温暖化を抑制するために二酸化炭素の排出量を減らすことは、とりもなおさず汚染物質を減らすことにつながる。排出される二酸化炭素は地球温暖化の原因にはなるが、それよりも窒素酸化物や硫黄酸化物による汚染は生物の生存に対して直接悪い影響を与えるので、環境にとってより深刻な問題である。

陸上の生態系には、ある程度の緩衝能があるが、インパクトが限界を超えると極めて危険である。その危険性を樹木が枯れることによって教えているのではないだろうか。

紀元前四世紀の哲学者で植物学や農林学の祖とされるテオプラストスが、その著書『植物誌』第一巻、第四章に以下のように書いている。「とはいうものの、個々の植物が自然に生えたり、生えなかったりする環境（トポス）のことを考慮することも、おそらく適切なことであろう。事実、それは重要な相違点であり、とりわけ植物にとって固有なものでもある。植物は土地に縛り付けられていて、動物のように土地を離れることができないからである」と植物に与える環境の重要性に注目している。[38]

第六章　樹木の死

樹木の寿命

一九六三年といえば古い話だが、当時、林業試験場関西支場長、徳本孝彦さんの呼びかけで、マツタケ研究懇話会を作ろうということになり、関係者が伏見の関西支場に集まった。私はまだ学生だったが、応接室の隅っこで面白い対話を聞く機会に恵まれた。話題は樹木の寿命について。座談に加わったのは、森林保護と菌類分類学の大家、今関六也さん、マツタケと菌根の権威、濱田稔さん、森林生態学の草分け、四手井綱英さんなど、著名な先生たちだった。

「樹木に寿命はあるのか」という話に始まって、植物本来の性質とそれを取り巻く環境、成長を阻害する自然災害や病虫害へと議論の輪が広がった。濱田先生は、植物体は糸状細胞のつながりでできており、カビのコロニーが束になったようなもので、中心部分は死んでも先端が生き残るのだから、条件が良ければ、どこまでも生存できるはずだという意見だった。先生は植物生理や菌の培養などにも造詣が深かったので、樹木を一つの生物体として見る立場だった。

四手井先生は、樹木は土壌や大気の中で生きているので、絶えず環境条件に左右され、雪崩や台風、火災などで傷つき、枯死する場合が多い。それがまた病虫害のもとになって枯れるが、樹木は絶えず森林という集団を作って生き続けるという意見だった。先生は雪崩の研究が専門だったので、環境を重視する立場だった。

今関先生は、いつも生態系の成り立ちに果たす菌類の役割をもっと重視すべきだと主張しておられた。北海道を襲った台風による被害調査の経験から、菌害を受けた樹木が倒れ、森林がひどく破壊された例をひいて、生物害が先行する場合が多いことを強調された。

三者三様、なかなか奥の深い議論だったが、寿命についてはは結論めいたものが出ず、そのまま宴会にもつれ込んでしまった。これらの見方は植物、特に樹木の枯死を考える際に忘れてはならないことのように思える。それにつけても、今に比べて、なんと優雅な時代だったことか。

三人の先生たちの意見は病気が発生するときの三つの要因に当てはまる。『最新植物病理学[1]』の四章に「病気は、病気にかかる体質を持つ植物（素因）、これを侵すことができる病原（主因）並びに病気の発生に必要な環境条件（誘因）が揃ったときにのみ発生する。これらは病気の三角関係として知られ……」という。さらに、「病原体にはいろんなものがあるが、特定の植物との組み合わせがあり、ある環境条件のもとで、それが合致した時だけ発病する。植物の素因には種が本来遺伝的に持っている種族素因と、個体が病気にかかりやすい状態にある個体素因がある。誘因は気象

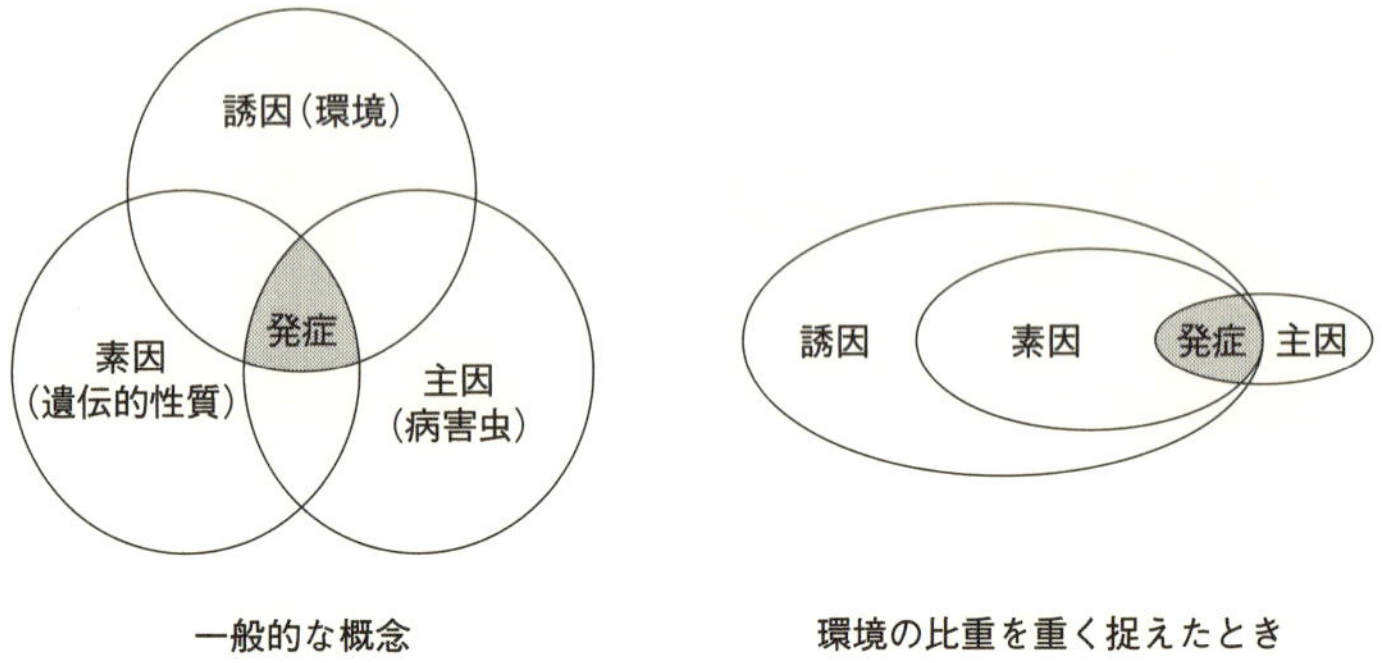

図6-1　植物病害が発生するための要因間の関係

条件（温度、湿度、光、風、雪）や土壌条件（種類、pH、肥料、土壌微生物）などで、誘因が病害発生の程度に最も大きな影響を与える」と注釈を加えている。

農作物や果樹の場合は栽培地が特定されており、土壌条件も均質化されているので、病気が発生した場合、その誘因にたどり着きやすい。ところが、森林樹木の場合は病虫害が発生してから人目につくまでに時間がかかり、かなり広がってからでないと調査が始まらない。そのため、病原体はすでに無差別攻撃に移っており、原因が特定されるのは、大流行が始まってからというケースが多い。したがって、調査研究の方向が勢い主因の探索に偏り、世間からは主因を抑えて早急に防除対策を立てるように要求される。過去のクリ胴枯病やニレ立枯病、マツノザイセンチュウ病などの例を見ても、防除対策は往々にして後手に回り、ときに無意味に終わっている。

特に森林の場合は主因の発見に手間取り、素因になると、せいぜい種か系統の段階で感受性の強弱がわかる程度で、遺伝的解析まで進んだ例はまれである。まして、誘因になると、病害の範囲が広いために疫学的調査に時間も手間もかかり、結果も曖昧で、お手上げになるケースが多い。これは日本に限ったことではなく、世界中でよく経験してきたことである。

誘因、素因、主因の関係は、よく三つの円が重なったように描かれているが、対等の関係ではない。図6-1のように、環境、即ち誘因が大きな範囲をカバーする外側の円で、その中に素因、即ち遺伝的性質の円が入り、さらに、その内側に主因、即ち病原体とその媒体の円があるとした方がわかりやすい。植物の寿命はこの三つの円の重なり具合と強度によって決まるともいえるだろう。

では、植物の生死はどこで判定できるのだろう。

樹木の体温

摂氏三八度を超す猛暑の日に、庭にあるイヌマキの幹を手の平で押さえてみた。体温よりは低く、ひんやりとしていた。もっと細いサザンカの幹をつかむと、これはかなり温かい。それでも、石垣や門扉が焼けるほど熱いのに比べれば、ずっとましだった。

気になるので、このところ四季折々、学校へ行く途中で、いろんな街路樹の幹や枯れ木に触れることにしている。夏には、生きている木は冷たく、死んでいるものや乾燥で萎れているものは温かく感じる。逆に、冬は鉄パイプよりも木の肌のほうが少し温かい。木の大きさでも違っていて、太いものほど冷たく、細いものほど温かいようである。

真夏でも木立や森の中はひんやりしていて、どんなに暑い日でも木の肌は冷たい。

出ているキノコに触ると、もっとしっとりして気味悪いほど冷たい。枯れたり、伐り倒されたりすると、その木の肌は外気温と同じになり、キノコも乾くと、冷たさが消える。動物は死ぬと冷たくなるが、木やキノコは死ぬと温かくなる。というより、どちらも温度調節機能がなくなって、外気温と同じになるというわけである。

生きている樹体の中の水は外がどんなに暑くても、煮えたぎることはないし、葉や枝が焼け焦げることもめったにない。冬に幹が凍って裂ける凍裂という例はあるにしても、一般に木の幹が凍ることもない。なぜ、木の肌は夏には冷たく、冬温かいのだろう。

至極当たり前のことだが、樹木は根の先端から葉や芽の先まで、地下から上がってくる水に満たされている。森林の地下一〇センチの温度は真夏でも二五度を超えず、深くなるにつれて低くなっている。井戸水が夏に冷たく、冬はお湯のように温かく感じるのは、地下水の温度が二〇度前後で安定しているためである。

この安定した温度の地下水は、辺材にある無数の導管を通り、絶えず上へ向かって動いている。いわば、一本の木はちょうど一定温度の水が詰まった無数の管が束になって立っているようなものである。森林や木立の中は、部屋の中に氷柱を立てたときのようになっているので、夏は涼しく感じるということらしい。春になると、雪解けはいつも幹の側や根元から始まる。このような現象はザゼンソウに限ったことではなく、樹木に広く見られる現象である。これも樹幹流によって雪が融けるというより、むしろ幹の温かさによるのかもしれない。

樹木の体温を測定した人はいないかと思って、探していたら、いくつか論文が見つかった。その中で京都大学の岡田直樹さんから送っていただいた、スウェーデンとニュージーランドからの報告に面白い事実が出ていた。前者は樹幹内部の温度と呼吸との関係を測定して、モデル化する試みで、根元から地上三四〇センチの位置までの樹皮から心材までの温度を多点測定している[2]。

スウェーデンでノルウエースプルースについて六月に測定した値だが、幹の温度は表面ほど高く、中心に近づくほど低い。また、地面に近いほど低く、一二度から一六度に保たれているが、幹の高い位置ほど温度も高くなっている。また、朝ほど低く、外気温の上昇につれて高くなり、午後四時には高さ三四〇センチで二七度まで上昇した。なお、日中の幹の温度は外気温が最高に達した午後でも、一定に保たれていたという。当然呼吸量もこの温度上昇に比例している。

ニュージーランドでは広葉樹について、樹高が異なる木を選んで、樹冠と幹の上と下で夏に樹体の温度を測定し、二酸化炭素の吸収との関連を検討している[3]。それによると、どの木でも測定した四点の温度が一日を通じて並行して変化し、測定部位による温度差はわずか五、六度で、極めて安定していたという。

これも京都大学の森本幸裕さんに教えていただいたことだが、日本でも幹の表面や内部の温度を測って、樹体の健全度を推定しようという試みがある。その中の一つ、

写真6-1　雪はブナの幹と根元の周辺から融ける。積雪の中に汚染物質が縞状に見える（秋田県）（大森禎子氏提供）

小林達明さんたちの研究は樹幹の上下で温度を測定し、幹とよく似たものの温度と比較することによって樹液の流速を知る理論式を得ようとしたものだった。[4] その中で、樹幹の根元の温度は根から吸収される土壌水分の影響で、地温に近く、地上部ほど外気温に左右されやすいという結論を得ている。

また、小沢徹三さんは道路沿いに植えた緑化樹を対象にして樹液の温度とその流速を測定し、樹木の活力度を評価する方法を開発した。[5] これによって衰弱木を判定し、水分吸収に関係する土壌の物理性と根系を改善することで、街路樹などの樹勢を回復させようとしている。

このほか、カシノナガキクイムシの加害と樹体温度の関係を見ようとした試[6]みやリモートセンシングによって地表面温度と植生の水分ストレスとの関係を捉える研究などが行われている。[7] いずれも、水分ストレスや木の体温と樹体の健全度が関係していることは充分認められるが、それを正確に捉えるのはかなり難しいというのが一般的な意見のようである。

樹体の温度が変化する様子を感覚で捉えるだけでなく、何とかして数値化し、樹木の健康診断に役立てたいと思っていたが、これは口でいうほど簡単なことではないらしい。誰か精度の高いセンサーを作って、部位や時期、時間を決めて温度を測定してもらえないだろうか。

要するに、土の中から菌糸や根を通して吸い上げていた水が切れれば、木の体温が外気温と同じになり、枯れた木は夏には熱く、冬には冷たくなるというわけである。水は植物にとって、光合成のために必要なだけでなく、細胞を満たして萎れないようにし、さらに温度調節をしているのも事実である。植物の維管束は動物の血管に、水は血液に相当する大切な働きをしているのである。植物に心臓はないが、水の流れが止まるのは心肺停止に等しい。

水切れ

いけておいた花が萎れてくると、よく「水が切れた」という。これは花瓶の水がなくなったというだけでなく、導管の水が切れたことでもある。二三〇〇年ほども前に先のテオプラストスは「植物誌」第一巻第一〇章の中で、植物の構成要素について触れ、「水分はすべての部分に共通にある。実際、水分は葉にもその他の一年生の部分、葉柄や花、実など、にも含まれるが、一年生でない部分にはもっと含まれている。実際、水分がない部分はない」と水の役割を強調している[8]。

植物の皮を薄く剥いでおくと（環状剥皮）、上の部分が少しふくらむことから、篩管の働きを見つけたのは、十七世紀のイタリアの科学者、マルチェロ・マルピギーだった。彼は人体解剖によって動脈血と静脈血が毛細血管を通って流れるのを発見したことで有名だが、一六七〇年代に一〇年ほど植物と格闘していた。植物は皮を剥いでも枯れないことから、木部を傷つけなければ、萎れないことにも気づいていたかもしれない[9]。

水の流れを考える前に、少し樹木の構造を見ておこう[9]。どの植物でもそうだが、種子が発芽すると、まず根が出てまっすぐ土に入り、その後芽が地上に向かって伸びる。植物の成長をよく観察していたテオプラストスが「根がすべての始まりである」といっているように[8]、植物は最初に足場を確保し、それから成長する。ただし、多年生である樹木は二次成長する点で草本植物と異なっている。

根の先端は根冠に覆われており、その内側にある成長点で細胞分裂が進み、導管や篩管が入った原生中心柱を分化させながら、前方へ伸びる。主根と呼ばれている太い根がある程度成長すると、中心柱から維管束が分かれて側根が出る。

樹木の場合は[10]、主根の表皮の下の形成層で細胞分裂が起こり、肥大成長、いわゆる二次成長が始まる。表皮は一年で老化して剥がれ落ち、その下に樹皮ができる。したがって、根も幹と同じように年輪を作りながら太くなる。

枝や幹などの太い部分を切ってみると、外側から順に硬い外樹皮、篩部とも呼ばれている内樹皮、細胞分裂する形成層、導管が入った辺材、細胞が死んで変色した心材が円筒を重ねたように並んでいる。四季によって成長速度が異なるため、辺材の細胞の大きさや密度が変化し、温度や乾湿の差が大きいところでは明瞭な年輪ができる。

形成層で細胞分裂が進むと、外側には篩管が入った組織、篩部が、内側には導管（針葉樹では仮導管）が入った組織、木部ができる。篩管は葉で光合成された糖分などの栄養を下方へ送り、導管は根が吸収した水と一緒に窒素、リン、カリ、その他のミネラルを成長している先端へ送っている。

何十メートルもある大木が、どうして水を運びあげ、栄養分を体全体に分配しているのか、いまだに謎の部分が多い。以前は、呼吸や光合成に伴って葉から大量の水が蒸散するので、細胞の膨圧や浸透圧が元になった根圧が働き、根から水が吸収されるといわれていたが、今は水ポテンシャルで説明されている。

『植物と環境ストレス』の中の米倉哲志さんによる解説を見ると、次のように説明されている。[11]ポテンシャルとは、本来「可能性を秘めた」という意味だが、水ポテンシャルというのは「単位体積当たりの全水分子の全自由エネルギー」のことで、パスカルという圧力単位で示され、水の移動のしやすさを表す用語である。「土壌や植物体の中の水の移動は、自由エネルギーの勾配に従って起こり、水ポテンシャルの高い方から低い方へと移動する。生きている木では、根、幹、葉の順に水ポテンシャルが高いので、その差によって水が下から上へ移動する。植物細胞の水ポテンシャルは浸透圧や膨圧、表面張力や毛管力などによって生じるポテンシャルを足し算したものになるという。なお、水ポテンシャルの正負は水が移動する方向に、その大小は移動する速度に関係しているが、流れる水の量には関係がない。植物が水を吸収するためには、根の細胞のポテンシャルが土壌の水ポテンシャルよりも低くなければならない」ともいう。

一方、水を土壌から吸収するのは、根の表皮細胞や根毛だけではない。菌根の種類によって多少違っているが、菌根を作る樹木では、菌根から出て土壌の孔隙に広がった菌糸、いわゆる外生菌糸が自由水や水蒸気に直接接して水を吸収する。[12]なお、外生菌根では菌根ができると、根毛は消えてしまう。

菌根菌の中には、有機物分解酵素を分泌して栄養物の入った水を吸収し、有機酸を出して岩石や砂などの鉱物を溶かし、ミネラルを含む濃度の高い水を吸収するものも多い。根に運ばれる水は純水ではないが、菌糸の膜は薄く、土壌溶液の濃度が菌糸の細胞質のそれよりも低いので、水は吸収されやすい。

菌根菌が植物の養水分の吸収に役立つか否かは、根から出て土壌中に広がる外生菌糸の量とその範囲の大きさにかかっている。この菌糸が広がる範囲を菌根圏ともいうが、その大きさは菌の種類によって異なっている。ダイズの根で測定すると、A菌根菌の菌糸が根から伸びる距離は、最大一二センチだったが、この菌は菌糸があまり枝分かれせず、菌根圏はかなり狭い。

これに反して外生菌根の場合は、菌糸がメートル単位で広がるだけでなく、菌糸の密度が高く、樹木の根に比べると、接触する土壌の量は極めて多い。外生菌糸は単なる菌糸だけではなく、それが束になった菌糸束や根状菌糸束を作り、内部に通導菌糸を持つ。[12] したがって、その構造は広範囲に広がり、養水分を輸送するという点で機能的にも発達している。また、種類によっては菌糸体が多年生で、複数の宿主に菌根を作って土壌中に菌糸のネットワークを作り上げることもできる。その結果、菌根圏が土壌中に立体的に広がり、生活型の異なる複数の菌が菌根を作るために、植物の環境耐性、特に乾燥に対する耐性が高くなると考えられている。

土壌中の菌糸から根へ、根から幹、枝、葉や芽へと水が送られるルートに沿って、その細胞の大きさを比べてみると、その太さや長さの違いが大きいことに気づく。菌糸は植物の細胞に比べて、極めて細く、一〇ミクロン以下である。担子菌のように、菌糸の構造が進化したものでも、細胞の間の仕切り膜には孔があって開いており、長い一本の管になっている。この管には水と細胞質が詰まっており、絶えず流動している。たとえば、A菌根の細胞内の物質の動きを微速度撮影した映像で見ると、その流れには日変化があり、蒸散が盛んな日中は流動し、夜は停滞していた。おそらく、外生菌根の場合も、地上部の水の動きと菌糸の原形質流動は直接対応していることだろう。

菌糸に比べると、根の細胞は一〇〇ミクロン前後だから、十倍以上の太さである。植物体が若い間はその細胞が束になって維管束を作るが、二次成長した根や幹になると、パイプはさらに太くなる。植物の種類によって異なるが、導管や仮導管の直径は菌糸の数十倍から数百倍になり、地上に向かって伸びる。枝から芽の先端や葉に入ると、再び細くなり、毛細血管のように無数に枝分かれして水を蒸散させる。太いものほど吸い上げる力が強くなるので、菌糸にかかっている圧力は相当大きいはずである。この太さの異なるパイプのつながり方に謎があるように思えるのだが、菌糸にまで対象を広げて詳しく見た例がない。

植物体の中では細い水の管が途切れることなく縦につながっているが、空気が入ったり、異物が混入したりすると、水が切れて流れが止まる。水の管がどこで切れるかによって、枯れ方も変わってくる。なお、植物体内の水は、節や枝分かれによって全体に分配されるようになっており、水は縦方向だけでなく、横方向へも移動できる。そのため、一部分が傷ついても、ある程度は水切れにも耐えることができる。

水は流れているが、水を送る力が弱くなると、先端まで届かなくなり、梢の先が死んで梢端枯れが起こる。おそらく、何らかの理由で菌根がなくなったり、細根が少なくなったり、根の先端が部分的に病原菌に侵されたりした場合は梢端枯れになる可能性が高い。ただし、害虫や病原菌が新芽や葉を傷つけている場合もあるので、よく観察する必要がある。

さらに、シロモンパ病菌やナラタケのような、より強い菌が太い根に侵入したり、幹の篩部や木部に*Phytophthora*や*Raffalea*のような病原菌が侵入したりすると、細胞が破壊され、導管や仮導管がつまり、ガスが出て空隙が生じ、チロースなどがたまって水が上がらなくなり、全体が枯死する。ミズナラなど、環孔材を作る広葉樹のように、導管が太いほど水切れを起こしやすい。

樹木が萎れて枯死する萎凋病の原因は、ほとんど根の腐りや菌根の消失とそれに続く水切れである。注意深く観察していると、萎凋病の症状は枯れる数年前から地上部に表れるのが一般的である。キクイムシなどの穿孔虫が、篩部や形成層をリング状に食害した場合や病原菌が地上部に限って感染した場合、感染部位から上だけが枯死するので、根が生きていれば、広葉樹は萌芽再生できる。しかし、針葉樹の場合は、二、三の例外を除いて、萌芽再生できないので、根が生きていても枯れてしまう。いうまでもなく、生物と名のつくものはすべて水が命だが、その中でも植物はことのほか水に頼って生きているので、水切れは致命的である。

滅びゆくもの

生物の体は大部分炭素と酸素、水素からできている。無生物と生物の間の大きな差は炭素の比率の違いにあるが、特に植物では炭素の比率が高い。地球上の炭素は生きている生物体と化石燃料などの生物遺体および地表や水底に濃縮されている。今問題になっている大気中の二酸化炭素の量は窒素ガスに比べると、極めて少ない。

元素としての炭素は結合できる手を四つ持っているため、炭素どうしやほかの元素と結合しやすい。この化学的性質のためにベンゼン核を作り、窒素や水素などと結合して複雑な高分子化合物になり、多様な有機物を形作ることができる[13]。話は少し飛躍するが、生物細胞が単なる結晶体ではなく、有機体として大きくなれたのは、この炭素のおかげかもしれない。

生物はその誕生以来、小型のまま限りなく増殖し、種族としての生命を維持するか、巨大化して、個体としての生命を維持する方向へと進化し続けた[14]。発生した時期が古い細菌などの微生物は、細胞自体は大型化せず、細胞数を増やして増殖し、遺伝的変異を繰り返して環境の変化に耐える方向に進化した。微生物の中でも菌類になると、かなり複雑になり、繁殖体の数を増やしながら大型化した例も見られる。このような生活型の進化は、栄養摂取の方法の違いによっても大きく異なっていた。

動物は環境条件が悪くなると、より良い生活場所を求めて移動し、新しい環境に適応して餌を摂り、子孫を残すことができる。ただし、適応能力が低かったり、環境の変化が急激だったり、餌になる他の生物が絶滅したり、病原微生物や動物に襲われたりすると、滅んでしまう。そのため、環境条件に対する高い適応または防御能力と運動能力を身につける方向へと進化し、地球上のあらゆる場所に生き残ってきた。

一方、植物は移動することができないので、抵抗力のある個体をできるだけ長持ちさせるか、胞子や種子などの繁殖体を大量に作って散布するか、そのいずれかによらざるをえなかった。いいかえれば、遺伝子を個体の中で長期間温存するか、繁殖体をばら撒くことによって遺伝子の変異を誘い、自然淘汰を切り抜けるか、いずれにしても進化の方向は決まっていた。そのため、動物に比べて繁殖の方法が多様で複雑になり、顕花植物のように、他の生物の助けを必要としたものも多い。

おそらく、地球上で繰り返された六回の大絶滅を切り抜け、新しい環境に適応してきたのが現存の生物なのである。

植物を個体として見ると、総じて「死に急ぎの進化」をしているように思える。上に挙げたスギ、マツ、ナラやクリ、ウメやヤマザクラなどの寿命と生活の仕方を見ると、このことがよくわかる。起源の古いスギ科の植物は、カビと共生して樹形が大型化し、寿命が長く、根の再生能力が高く、散布する種子の量も多い。針葉樹の中でも比較的新しいマツ科樹木は、多種類のキノコと共生して大型化しているが、根が弱く、純林を作りやすく、個体としての寿命も短い。

ナラやクリなどのブナ科植物もキノコと共生して大木になり、大きな種子を作り、病虫害に弱く、寿命も短い。より多くの花を咲かせて実をつけるバラ科のウメやヤマザクラは新しい植物群に属しており、昆虫の助けを借りて受粉して果実をならせ、ブナ科同様、病虫害に弱く短命である。ただし、これらの新しい植物群は、多くの繁殖手段を持っており、自然状態では種子だけでなく、萌芽やひこ生えなどで殖え、挿し木や取り木、接ぎ木など、どこを取っても容易に殖やすことができる。いわば、全身が万能細胞でできているのである。

さらに、きれいな花を咲かせる顕花植物ほど短命になり、独立性が低くなって、他の生物に頼る率が高くなるように思える。草本植物になると、宿根性の多年草でも樹木に比べれば、総じて短命で、球根やランナー、塊茎や根茎などによって寿命を保っている。一年生や二年生草本類になると、さらに寿命が短く種子でしか繁殖できず、無数の種子を散布するようになっている。

中でも新しい部類に属するラン科植物は、幼植物の間は共生する菌から栄養をもらって寄生状態で育ち、例外なく根の中に菌根菌を取り込んでいる。それぞれの種が特定の菌を必要とするので、生息範囲が限られており、特殊な環境に限って繁殖するものが多い。菌との共生が極度に進んだものでは、葉や葉緑素を欠き、ツチアケビやオニノヤガラのように菌に寄生するものまで現れている。種子は極めて小さく、散布されやすいが、自然状態での発芽率は極めて低い。また、ランの花の中には、昆虫に似せた花を咲かせるものもあって、昆虫の特定の種によって受粉するように進化している。

ラン科植物を見ると、昆虫や菌と共進化しているというより、むしろ相手を手なずけているように思えるほどである。これほど相手に頼る生活を営んでいると、パートナーが絶滅すると、自分も滅びることになるのだから、個体としても、種としても不利になるはずだが、どうしてこうなったのだろう。生物の宿命といってしまえば、それまでだが、生物は進化しているのか、退化しているのか、よくわからない。

実は、動物の中でも最も進化したと思われているヒト科ヒトも一個の生物として見ると、危なっかしい生き方をしている。ヒトは自分の食物を手に入れるために、ムギ、イネ、マメ、イモ、トウモロコシ、野菜や果樹などの作物を育て、ウシやウマ、ブタ、ニワトリ、ヒツジ、ヤギなどの動物を飼ってきた。今では魚介類やキノコ、海藻まで養殖したり、栽培したりするようになり、すっかり他の生物に頼り切って生活している。我々はこれを栽培と呼び、飼育と称しているが、考えてみれば、これらの生物に養われていることになる。

一方、栽培植物も、飼育されている動物も人間が管理しなければ、おそらくたちまち滅んでしまうほど弱くなっている。もし栽培作物が病虫害にやられたり、異常気象による乾燥や高温、水害などで収穫できなくなったりすると、間違いなく人類は飢餓で死に絶えることだろう。キノコや海藻がなくなるぐらいなら、飢餓に陥ることもないだろうが、飼育している動物が死に絶えると、栄養失調になり、感染症などの病気に侵されて、間違いなく死亡率が上がることだろう。

共生というのは、一見美しい関係に見えるが、かなり危険をはらんだ生き方で、共生即共倒れなのである。少なくとも、これまでの進化の過程を見ると、ある環境に適応して変異を繰り返し、高度な適応を示したものほど、絶滅しやすいといえるだろう。太古から現在まで生き残ってきた生物は、いずれも小型化して繁殖力が強く、環境の激しい変化に耐えることができるものだった。

三五億年前、地球上に現れた生物は、地球生態系が安定状態に近づくにつれて、絶滅を繰り返しながら、限られた空間の中で互いにもたれあって生きのびる道を探してきた。人類が知恵を働かせて絶滅の試練に耐え、これからも生き残れるのか、目先のことに追われて、生き残る機会を失い、絶滅の道をたどるのか、その運命は私たち自身の手に握られているのである。

新訳聖書[15]マタイ伝第七章一三節に「狭き門より入れ、滅びに至る門は大きく、その路は広く、之より入る者多し。いのちに至る門は狭く、その路は細く、これを見出すもの少なし」とある。はたして、これから人類のたどる道が、滅びに至る「大きい門」を通る広い路なのか、生命の栄えに至る「狭き門」に通じているのか、神ならぬ身の知る由もない。

あとがき

この本を書き始めたころ、もし、過去に大量の樹木が枯れたという事実があれば、必ずどこかに記録されているはずと思って探していたら、面白い話が見つかった。瀬田勝哉さんの『木の語る中世』[16]の中に「春日山の木が枯れる」という一文がある。それによると、平安時代から伐採が禁じられ、神の宿る山として畏れられていた春日山の木が、一三〇四年、突然大量に枯れたというのである。この話は一三〇九年に描かれた『春日権現験記絵』という絵巻物の第二十巻に載っているそうである。

嘉元二（一三〇四）年のこと、興福寺の寺僧が地頭を追放し、その越権行為に怒った鎌倉幕府が僧や神人を捕らえて、地頭を復職させた。すると、七月の初めころから山の木の色が変わりだし、たちまちのうちに葉が落ちて荒れはてた状態になった。人々はこれを神護景雲二（七六八）年に下ったご託宣どおりだといって恐れおののき、この不吉な話が朝廷や幕府にも伝えられた。

というのも、その神託に「藤氏繁昌　法相護持のため御笠山に跡をたれまします。末代に及びて神事違例し、まつりごと受けざらん時、樹木忽ちに枯るべし。われ当山を去りて天城に帰りましますと知るべし」と伝えられていたからである。当時は民が神様を敬わなくなると、神が怒って国を離れてしまうと信じられていたのだろう。加持祈祷を続けていると、九月二八日になって「大明神が山にお帰りになるぞ」という声がして、星のような火がたくさん降って神社に入ったという。

この年枯れた木の本数は公家の日記によると、二五〇〇余本となっているから、かなりの規模の枯れ方である。その後中世を通じて、数千本単位で枯れたという記録が一〇回ほど残っている。その中には一五七二年にモミやツガが昆虫に食害され、木が丸坊主になったという例もある。被害はほとんど春日山に限られているが、実際にはもっと広い範囲に見られたのかもしれない。

ただし、神の怒りを騙って幕府や朝廷を脅し、要求を通そうとした、いわゆるやらせもあったらしい。このころはちょうど小氷期が始まる時期にあたり、イギリスのテームズ川に氷が張って狐狩りをしたといわれるように、天候の変化が激しく、人の世も動乱の時代へと移っていくころだった。気候の変化と人心不安、飢餓と戦乱はいつも並行してやってくるとされているが、木の枯れはその前兆なのかもしれない。

近世に入っても、おそらくどこかで木は枯れていたと思われるが、神仏を引き合いに出して、恐れおののくほどでなくなったのだろうか。もし今のように、マツやナラ、ヤマザクラなどが何年も枯れ続けていたら、世も末と嘆き悲しみ、加持祈祷が大流行していたはずだが、そんな記録は見当たらない。木が大規模に枯れだしたのは、ごく最近のことである。

自然に溶け込んで、その変化に一喜一憂しながら暮らしていた祖先の生き方やものの見方には、われわれ現代人が忘れてしまった何か大切なものが隠されている。自然や生命に対する畏敬の念をおろそかにし、あらゆることが人間の思いのままになると自惚れていると、神に見放されてしまうことだろう。いや、もうすでに神も仏も日本だけでなく、人類そのものを見捨ててしまったのかもしれない。

このところ降る雪が黒くなり、とても食べようという気が起こらない。聞くところによると、立山の登山道を春に除雪すると、黒い縞模様が見えるという。二月に入ると、灰色の霞がかかり、北山が見えなくなる日が増える。黄砂の降る日が五月ごろまで続き、車のボンネットやベランダの手すりが毎日のように灰色になる。われわれ人類が地球のはらわたを裂いて掘り出した、祖先の遺体を燃やし、享楽のために浪費してきたつけが、今天から降り始めたといったら、何を大げさなと笑う人も多いだろう。

もちろん、私は預言者ではないが、今の状態を見ていると、黙示録の一説が浮かんできた。新約聖書[15]、ヨハネの黙示録第八章第七節に「第一の御使ラッパを吹きしに、血の混じりたる雹と火とありて、地に降り下り、地の三分の一焼け失せ、樹の三分の一焼け失せ、もろもろの青草焼け失せたり」という予言が載っている。そうならないことを願うのみ。

木が枯れるのは誰の責任でもない。間違いなく、われわれ人類が加害者であり、同時に被害者でもある。地球温暖化による環境の激変や森林の焼失からくる被害は、区別なくあらゆる人に降りかかるのである。

自然の力に逆らえないことは、過去の事例を見ても明らかである。近代的な科学研究が発達した期間は、ヨーロッパでもわずか二〇〇年、日本ではたかだか一〇〇年にすぎない。そこから得られたわずかな知識に、四六億年かけてできた自然を動かすほどの力はない。自然を破壊するのはいとも容易だが、それを修復するのは至難の業である。そのことを自覚して、過ちを繰り返さないように、現実に対処するしか道はないのである。その方法については、次の機会に紹介することにしよう。

自然に現れる現象をよく見ていると、「なぜ、なぜ」と好奇心旺盛な子供のように尋ねたいことが次々と湧いてくる。これをときほぐして、自分なりの理屈を立てていくと、ミステリーを読んでいるのと同じようなスリルが味わえる。これが科学する楽しさである。

不勉強のせいもあって、「かもしれない」「だろうか」「らしい」などと、いい加減な言葉を羅列したが、実際、ほとんどのことは未知のままである。私には、もういくばくの時間も残されていない。この本は若い人が教科書や論文からでなく、自分自身の体験から、目の前にある事実の中から、将来を見つめて、さらにいえば、世の人が困っていることを解決するために、研究してくださることを願って書いたものである。少しでも新しい分野の開拓に役立てていただければ幸いである。

参考文献

第一章

1 柿田義文・槙野浩二郎（二〇〇六）『定めの松　調査報告書』、出雲土建株式会社
2 山陰中央新報（二〇〇八）「児童、生徒四七三人不調訴え、農薬散布後に」、二〇〇八、五、二七
3 全国森林病虫獣害防除協会編（一九八七）『森林病害虫等防除必携（改訂版）』、全国森林病虫獣害防除協会、三三頁
4 マツ枯れ問題研究会編（一九八一）『松が枯れてゆく』、山と溪谷社
5 小林富士雄（二〇〇〇）「二十世紀の森林病害虫」、『林業技術』、七〇四、一七—二二
6 無煙炭化器、モキ製作所　http://www.moki-ss.co.jp
7 伊藤一雄著（一九七五）『松くい虫の謎を解く』、農林出版株式会社
8 日本樹木医会島根県支部編（二〇〇九）『マツの樹勢回復』、日本樹木医会島根県支部
9 井上恵助翁研究会編（二〇〇五）『浜山と井上恵助』、伊藤印刷
10 小川真著（二〇〇七）『炭と菌根でよみがえる松』、築地書館
11 陸前高田ロータリークラブ編（二〇〇七）『高田松原ものがたり』、陸前高田ロータリークラブ
12 佐々木松男（二〇〇八）「チリ沖地震津波を体験して」、二〇〇八年度日本海岸林学会大会講演要旨
13 日本樹木医会島根県支部編（二〇〇八）『庭園木マツで発生する病虫害—診断と防除—』、日本樹木医会島根県支部
14 伊藤一雄・藍野祐久共著（一九八二）『原色樹木病虫害図鑑』、創文
15 Hatch A. B. (1937) The physical basis of mycotrophy in the genus *Pinus*, *Black Rock For. Bull.*, 6, 168 pp
16 Björkman, E. (1942) Über die Bedingungen der Mykorrhizabildung bei Kiefer und Fichte, *Symb. Bot. Upsaliens.*,

6(2), 191
17 鈴木和夫編著(一九九九)『樹木医学』、朝倉書店
18 小林享夫ほか共著(一九八六)『新編樹病学概論』、養賢堂

第二章

1 柿田義文(二〇〇六)『須佐神社 須佐大杉、樹勢回復事業 報告書』、出雲土建緑化事業部
2 柿田義文(二〇〇六)『玉若酢命神社 八百杉、樹勢の診断と改善策報告書』、出雲土建緑化事業部
3 酸性雨検討会(一九九二)『酸性雨の実態調査』研究報告 T91019、電力中央研究所
4 山家義人(一九七八)都市域における環境悪化の指標としての樹木衰退と微生物相の変動、林試研報 No. 三〇一、一一九—一二九
5 山家義人(一九七三)東京都内における樹木衰退の実態、林試研報 No. 二五七、一〇一—一〇七
6 高橋啓二ら(一九八六)関東地方におけるスギの衰退と酸性降下物による可能性、森林立地XXVIII (1)、一一—一七
7 丸山温・森川靖(一九八八)関東平野におけるスギ林の衰退、研究成果選集 1988、森林総合研究所、四—五
8 梨本真・高橋啓二(一九九一)関東甲信・関西瀬戸内地方におけるスギの衰退現象、森林立地32(2)、七〇—七八
9 小川真著(一九七四)大都市とカビのコロニー、『科学と随想 蟻塔』、一—三
10 日本経済新聞(二〇〇八)「スギ花粉飛散防ぐ薬剤。四、五年後に実用化」、二〇〇八、二、二三
11 ピーター・トーマス著、熊崎実ほか訳(二〇〇一)『樹木学』、築地書館
12 伊豆田猛編著(二〇〇六)『植物と環境ストレス』、コロナ社
13 小川真著(一九七八)『マッタケの生物学』、築地書館

第三章

1 ニコラス・マネー著、小川真訳（二〇〇八）『チョコレートを滅ぼしたカビ・キノコの話』、築地書館
2 瀬田勝哉著（二〇〇〇）『木の語る中世』、朝日選書、朝日新聞社
3 伊藤一雄・藍野祐久共著（一九八二）『原色樹木病害虫図鑑』、創文
4 荒木斉著（二〇〇四）『クリの作業便利帳』、農山漁村文化協会
5 本多昇・深井弘義（一九五二）「地床状態が栗の根群の発達に及ぼす影響」（第一報）、『園芸学雑誌』二〇、一一六―一七四
6 農林水産技術会議編（一九八五）「果樹等における生理障害の解明と対策技術の確立」、『農林水産技術会議研究成果』一七二
7 杉本明夫・赤沢徹（一九七五）「クリ立枯症に関する研究（第一報）「立枯症と発生環境との関係」」、『福井農試報』二五、二三―五三
8 土井憲ほか（一九七〇）「クリのポックリ症状（仮称）について（第一報）」、園芸学会講演要旨　昭五四春、五〇―五一
9 大石親男・山田玲子（一九七七）「クリ黒根立枯病（旧称立枯症）とその病原菌 *Macrophoma* sp.」、『日植病報』四三、三二四
10 杉本明夫（二〇〇〇）「栽培環境下におけるクリ黒根立枯病の発生と耕種的防除に関する研究」、『福井県農業試験場特別研究報告』一三
11 小川真（一九八五）「果樹等における生理障害の解明と対策技術の確立」クリ立枯症・土壌微生物　七二―七七『農林水産技術会議研究成果』一七二
12 小川真（一九八二）「クリの立枯症―ポックリ病と菌根」、『林業試験場　場報』二一一、一―五
13 土井憲（一九七二）「クリのポックリ症状について」、『因伯の果樹』二四（六）、四三―四七
14 大石親男ほか（一九七八）「クリ立枯症に関する研究（第三報）立枯症に関与する新しい菌 *Didymosporium* sp.」

『日植病報』四四、三七五
15 大石親男・吉本玲子（一九八五）「クリ黒根立枯病に関する研究」、『石川農短大特研報』一一、一―九五
16 小川真・山家義人（一九八三）「クリの立枯症と菌根」、『森林防疫』三二（一）四―八
17 杉本明夫（一九九九）「台木がクリ黒根立枯病の発生に及ぼす影響」、『園芸学雑誌』六八（二）、三四九―三五四
18 小川真（一八八二）「クリのぽっくり病対策は何か」、『今月の農業』十一月号、五三―五八

第四章

1 黒田慶子編著（二〇〇八）「ナラ枯れと里山の健康」、『林業改良普及双書』No. 一五七
2 Ministry of Environmental Protection, Forest Research Institute ed. (1991) *The State of Forests in Poland*, 1991. Ecological Education, pp.7
3 Nicola Luisi et. al. eds. (1993) Recent Advances in Studies on Oak Decline *IUFRO Proceeding Italy*, pp. 529
4 伊藤進一郎ほか（一九九八）「ナラ類集団枯損被害に関連する菌類」、『日林誌』八〇、一七〇―一七五
5 野淵輝（一九九三a）「カシノナガキクイムシの被害とナガキクイムシ科の概要（I）」、『森林防疫』四二、八五―八九
6 熊本営林局編（一九四一）『カシ類のシロスジカミキリ及びカシノナガキクイムシの予防駆除試験の概要』、熊本営林局
7 松本孝介（一九五五）「カシノナガキクイムシの発生と防除状況」、『森林防疫ニュース』四（四）、七四―七五
8 斉藤孝蔵（一九五九）「カシノナガキクイムシの大発生について」、『森林防疫ニュース』八（六）、一〇一―一〇二
9 布川耕市（一九九三）「新潟県におけるカシノナガキクイムシの被害とその分布について」、『森林防疫』四二（一一）

10 井上重紀（一九九二）「落葉カシ類の枯損」、『四〇回日林中支論』、二三七―二三八
11 末吉政秋・谷口明（一九九〇）「カシノナガキクイムシに関する研究（Ⅰ、Ⅱ）」、『日林九支研論集』四三、一五三―一五四、一五五―一五六
12 石山新一郎（一九九三）「山形県朝日村におけるナラ類の枯損実態について」、『森林防疫』四二（一二）、一一―一七
13 小川真（一九九六）「ナラ類の枯死と酸性雪」、『環境技術』二五（一〇）、三一―三九
14 Oszako T. (1993) Relationships between tree vitality and fungal infection, *Proceedings of International Congress, Recent Advances in Studies on Oak Decline* 213-221
15 斎藤千恵子ほか（一九九三）「山形県におけるナラ類集団枯損―カシノナガキクイムシの発生消長」、『日林論』一〇四、六四七―六四八
16 小川真ほか（一九八二）「ブナ・イヌブナ天然林の高等菌類と土壌微生物相」、『林試研報』三一四、七一―八八
17 末国次郎ほか（一九九五）「広葉樹集団枯損と立地要因の解析」、『リモートセンシング学会　第一九回学術講演会論文集』七三
18 末国次郎・古谷利夫（二〇〇〇）「森林被害3地域における地形要因の解析と特徴の抽出」、『日本写真測量学会　年次学術講演会要旨集』、二三一―二三四
19 山形大学編（一九九一）「酸性降下物の環境への影響に関する実証的研究」、『平成元年度教育研究学内特別経費研究成果報告書』
20 飯田俊彰・上木勝司（一九九三）「融雪初期における酸性汚染物質を高濃度に含む融雪水の流出現象」、『農土論集』（一六六）、五五―六一
21 大森禎子氏　二〇〇九年二月八日付著者あての私信。
22 野淵輝（一九九三b）「カシノナガキクイムシの被害とナガキクイムシ科の概要（Ⅱ）」、『森林防疫』四二、一〇九―一一四

23 小林正秀・上田明良（二〇〇五）「カシノナガキクイムシとその共生菌が関与するブナ科樹木の萎凋枯死」、『日林誌』八七（五）、四三五―四五〇
24 小林正秀（二〇〇四）「カシノナガキクイムシの穿入に伴うブナ科樹木集団枯死被害の発生機構」、『京都府林業試験場研究報告』No. 7、pp. 一三八
25 小林正秀（二〇〇六）「ブナ科樹木萎凋病を媒介するカシノナガキクイムシ」、『樹の中の虫の不思議な生活』（柴田叡弌・富樫一巳編著）、東海大学出版会　一八七―二一二
26 野淵輝（一九九一）「黒潮に乗って民族大移動」、『虫の１００不思議』、（日本林業技術協会編）東京書籍、一二―一三
27 ニコラス・マネー著、小川真訳（二〇〇八）『チョコレートを滅ぼしたカビ・キノコの話』、築地書館
28 伊藤進一郎ほか（一九九八）「ナラ類集団枯損被害に関する菌類」、『日林誌』八〇、一七〇―一七五
29 Kubono T. & S. Ito (2002) *Raffaelea quercivora* sp. nov. associated with mass mortality of Japanese oak, and the ambrosia beetle (*Platypus quercivorus*) *Mycoscience* 43, 255-260
30 伊藤進一郎（二〇〇二）「ナラ枯れ被害に関連する菌類と枯死機構」、『森林科学』三五、三五―四〇
31 伊藤進一郎（二〇〇二）「現在問題となっているブナ科樹木の衰退、枯死」、『森林科学』三五、四―九
32 Shiitt P. (1992) Oak decline in central and eastern Europe. *A critical review of a little understood phenomenon, Proceedings of International Congress, Recent Advances in Studies on Oak Decline*, 235-239
33 Rexrode C. O. & D. Brown (2008) Oak Wilt Forest Insect & Disease, *Leaflet* 29 USDA Forest Service

第五章

1 宮下正次（一九九七）『写真ドキュメント　立ち枯れる山』、新日本出版社
2 鈴木清（一九九二）「神奈川県大山のモミ林枯損経緯とその周辺地域の年輪幅の変化」、『神林試研報』一九、二二三―四二

3 吉武孝（一九九二）「酸性霧効果地帯における異常落葉」、『酸性降下物と森林環境問題研究会報告』、森林総合研究所北海道支所　研究資料　一九―二二

4 伊豆田猛編著（二〇〇六）『植物と環境ストレス』、コロナ社

5 和歌山県農林水産総合技術センター編（二〇〇四）「ウメの生理生態特性と生育不良の発生」、『農林水産省指定試験「ウメの生育不良対策に関する研究」資料集』

6 「二八項目で調査・研究を実施、試験園八か所、大気面で暴露試験、梅生育障害対策研究会」、『紀南』No. 三八〇（一九九七）

7 小林紀彦・小川真（一九九七）「ウメ生育障害を引き起こす病原菌と立枯病」、『日植病報』六三、五一八―五一九

8 小林紀彦（二〇〇三）「和歌山県ウメ生育障害の発生に対する植物病理学的一考察」、『日植病報』六九、六四

9 河野吉久（一九九三）「酸性雨等による外国の被害事例―欧米における樹木衰退の実情とその原因」、『資源環境対策』二九（二）

10 梨本真・河野吉久（一九八八）「電力中央研究所報告　ヨーロッパにおける森林衰退とその研究の現状」、『研究報告』U89015

11 Meyer F. H. (1984) Mykologische Beobachtungen zum Baumsterben, *Allgemeine Forst Zeitschrift* 9/10 212-228

12 Meyer F. W. (1985) Einfluß des Stickstoff-Faktors auf den Mykorrhizabesatz von Fichtensämlingen im Humus einer Waldschadensfläche, *Allgemeine Forst Zeitschrift* 9/10 208-219

13 Lundquist J. ed. (2007), *Forest Health Condition in Alaska-2006*, *Protection Report* R10-PR-11, USDA Alaska Region

14 小川真（一九八七）『作物と土をつなぐ共生微生物、菌根の生態学』、農文協

15 杉山純太編（二〇〇五）『菌類・細菌・ウイルスの多様性と系統』、裳華房

16 Stewart W. N. & G. W. Rothwell (1993), *Paleobotany and Evolution of Plants*, second edition Cambridge Univ.

Press
17 ニコラス・マネー著、小川真訳（二〇〇八）『チョコレートを滅ぼしたカビ・キノコの話』、築地書館
18 Desmond A. & J. Moore (1991), *Darwin*, Penguin Books
19 NEDO・日本エネルギー学会編（二〇〇三）『もっと知ろう　石炭Q & A』、NEDO
20 相原安津夫（一九八七）『石炭ものがたり』、青木書店
21 D. W. Van Krevelen (1993), *Coal Typology-Phisics-Chemistry-Constitution*, Elsevier
22 日本経済新聞（二〇〇九）「国境越え広がる有害物質、日中韓など共同調査」、二〇〇九、一、二六
23 News, Breath of the dragon: *ERS-2 and Envisat reveal impact of economic growth on China's air quality*, http://www.esa.int/esaEO/ SEMEE6A5QCE_planet_0.html
24 電力中央研究所編（一九九四）「酸性雨の影響評価」、『電中研レビュー』No.31
25 スクリップス海洋研究所（二〇〇六）「南アジアの気候に影響を及ぼす大気汚染と温室効果ガス」、『NEDO 海外レポート』No. 979
26 藤田慎一（一九九五）「東アジア酸性雨の実態」、『OHM』'95/2、六〇—六五
27 村野健太郎（一九九六）「地球規模の酸性雨問題」、『雨水技術資料』二一（九—一七）
28 亀岡喜和子ほか（一九八九）「関東地方におけるスギの衰退と土壌の酸性化」、『造園雑誌』五二（五、一一五—一二〇）
29 堀田庸ほか（一九八九）「スギ林における酸性降下物量と土壌の酸性化の実態」、『研究成果選集』一九八九、森林総合研究所
30 石塚和裕（一九九二）「酸性降下物に対する土壌緩衝能の実態と評価」、『森林立地』三四（一）、二六—三五
31 大森禎子（二〇〇八）「硫黄酸化物と樹木の立ち枯れの関係」、第一二五回河川文化を語る会講演要旨
32 Wagatsuma T. et. al (1987) Destruction process of plant root cells by aluminum *Soil Sci. Plant Nutr.*, 33(2)
33 Dighton J. & R. A. Skeffington (1987) Effects of artificial acid precipitation on the mycorrhizas of Scots pine, *New*

Phytol. 107, 191-202

34 Reich P. B. et. al (1985), Effects of O_3, SO_2, and acidic rain on mycorrhizal infection in northern red oak seedlings, *Can. J. Bot.* 63, 2049-2055

35 国立天文台編（二〇〇九）『環境年表　2009-2010』、丸善

36 京都新聞（二〇〇二）「関西の里山『窒素飽和』か」、二〇〇二、一〇、一八

37 伊豆田猛編著（二〇〇六）『植物と環境ストレス』、コロナ社

38 テオプラストス著　小川洋子訳（二〇〇八）『植物誌　I　西洋古典叢書』、京都大学学術出版会

第六章・あとがき

1 奥田誠一ほか（二〇〇四）『最新植物病理学』、朝倉書店

2 Stockfors J. (2000) Temperature variations and distribution of living cells with tree stems: implications for stem respiration modeling and scale-up, *Tree Physiology* 20, 1057-1062

3 Bowman W. P. (2008), Sapwood temperature gradients between lower stems and the crown do not influence estimates of stand-level stem CO_2 efflux, *Tree Physiology* 28, 1553-1559

4 小林達明ほか（二〇〇〇）「樹幹温度による活力度評価法の理論解」、第一一一回『日林学術講演集』六〇一

5 小沢徹三（二〇〇七）「道路緑化分野における樹液温度を用いた樹木活力度評価に関する研究」、博士号学位論文

6 矢田豊ほか（二〇〇五）「樹幹温度測定による樹木健全度評価手法の検討」、『石川研林試研報』三七、二八―三五

7 今西純一ほか（二〇〇四）「リモートセンシングによる植生水ストレス把握のための熱慣性特性値の実験的検証」、『日緑工誌』二九（一）、一五九―一六四

8 テオプラストス著　小川洋子訳『植物原因論』（未刊）

9 Raven P. H (1986) *Biology of Plants, fourth edition* Worth Publishers Inc.
10 ピーター・トーマス著、熊崎実ほか訳（二〇〇一）『樹木学』、築地書館
11 伊豆田猛編著（二〇〇六）『植物と環境ストレス』、コロナ社
12 H・ド・クルーン・E・J・W・フィッサー著、森田茂紀・田島亮介監訳（二〇〇八）『根の生態学』、シュプリンガー・ジャパン
13 石崎信男（一九九三）『炭素は七変化』、研成社
14 ダグラス・パルマー著、五十嵐智子訳（二〇〇〇）『生物30億年の進化史』、ニュートンプレス
15 旧新訳聖書（一九一四）米国聖書協会
16 瀬田勝哉著（二〇〇〇）『木の語る中世』、朝日選書、朝日新聞社

[や行]

[ら行]

[ま行]

[な行]

[は行]

[た行]

[さ行]

[か行]

索引

[ABC順]

[あ行]

著者紹介――小川　真（おがわ　まこと）

一九三七年京都生まれ。京都大学農学部卒。農学博士。森林総合研究所土壌微生物研究室長、環境総合テクノス生物環境研究所長、大阪工業大学工学部環境工学科客員教授などを歴任。

日本菌学会菌学教育文化賞、日本林学賞、ユフロ（国際林業研究機関連合）学術賞、日経地球環境技術賞、愛・地球賞（愛知万博）などを受賞。

現在、白砂青松再生の会会長として、炭と菌根による松林再生ノウハウを伝授するため、全国を行脚している。

著書に『マツタケの生物学』『きのこの自然誌』『炭と菌根でよみがえる松』『作物と土をつなぐ共生微生物』、訳書に『ふしぎな生きものカビ・キノコ――菌学入門』『チョコレートを滅ぼしたカビ・キノコの話――植物病理学入門』など多数。

森とカビ・キノコ——樹木の枯死と土壌の変化

二〇〇九年八月一〇日初版発行

著者——小川真
発行者——土井二郎
発行所——築地書館株式会社
東京都中央区築地七-四-四-二〇一　〒一〇四-〇〇四五
電話〇三-三五四二-三七三一　FAX〇三-三五四一-五七九九
振替〇〇一一〇-五-一九〇五七
ホームページ =http://www.tsukiji-shokan.co.jp/
組版——ジャヌア3
印刷・製本——シナノ印刷株式会社
装丁——吉野愛
装画——小川真＋小川洋子

 ISBN 978-4-8067-1387-6 C0045

●森林の本

炭と菌根でよみがえる松

小川真［著］　二八〇〇円＋税

日本の原風景の一つ、白砂青松。いま、全国の海岸林で、松が枯れ続けている。40年間、マツ林の手入れ、復活を手がけてきた著者は、炭を埋めて、菌根菌のついた苗を植え、白砂青松を復活にメドを付けた。また、出雲大社の大松の樹勢回復を成功させている。どのようにすれば、松枯れを止め、松林を守れるのか。著者による各地での実践事例を紹介し、マツの診断法、松林の保全、復活のノウハウを解説した。

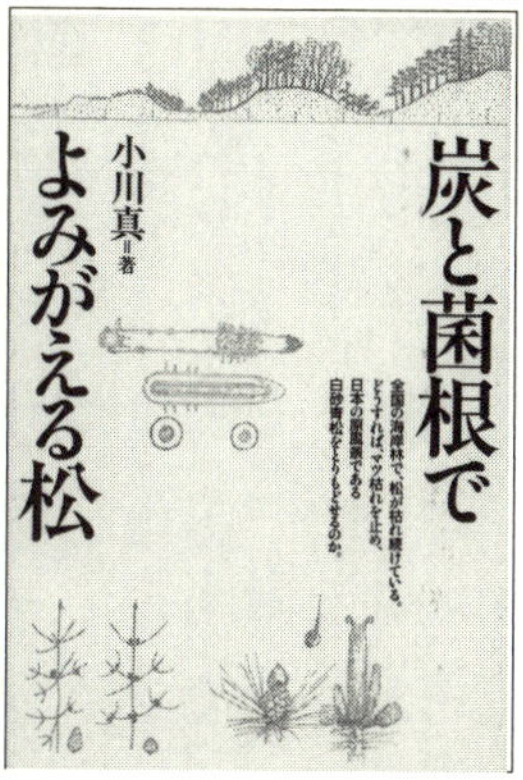

樹木学

トーマス［著］　熊崎実＋浅川澄彦＋須藤彰司［訳］

◉5刷　三六〇〇円＋税

木々たちの秘められた生活のすべて……。生物学、生態学がこれまでに蓄積してきた、樹木についてのあらゆる側面をわかりやすく、魅惑的な洞察とともに紹介した、樹木の自然誌。

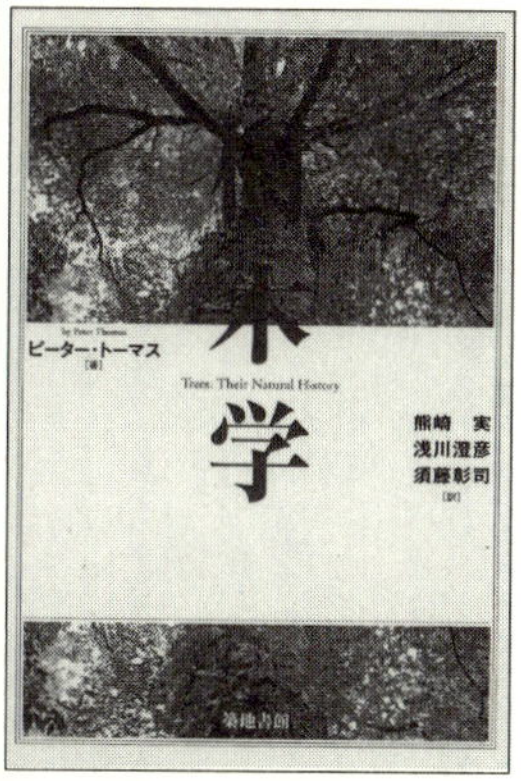